"十三五"国家重点图书出版规划项目

中国创新设计发展战略研究丛书

Interactive Design of
Electronic Origami

电子折纸交互设计

江浩 杨颖 左奎 著

ZHEJIANG UNIVERSITY PRESS
浙江大学出版社

图书在版编目（CIP）数据

电子折纸交互设计 / 江浩，杨颖，左奎著 . -- 杭州：
浙江大学出版社，2020.12
ISBN 978-7-308-19605-5

Ⅰ．①电… Ⅱ．①江… ②杨… ③左… Ⅲ．①折纸—
智能机器人—程序设计 Ⅳ．①TP242.6

中国版本图书馆CIP数据核字（2019）第209462号

电子折纸交互设计

江 浩　杨 颖　左 奎 著

策　　划	徐有智 许佳颖	
责任编辑	张凌静 徐　瑾	
责任校对	冯其华	
装帧设计	程　晨	
出版发行	浙江大学出版社	
	（杭州市天目山路148号　　邮政编码　310007）	
	（网址：http://www.zjupress.com）	
排　　版	徐婧珏	
印　　刷	浙江省邮电印刷股份有限公司	
开　　本	710mm×1000mm　1/16	
印　　张	17.5	
字　　数	300千	
版 印 次	2020年12月第1版　2020年12月第1次印刷	
书　　号	ISBN 978-7-308-19605-5	
定　　价	128.00元	

前　言

　　折纸是中国传统艺术，纸张通过折叠手法可以创造出千变万化的生动形象。现代折纸设计不乏匠心独具的艺术大师，他们的作品向世人展现了折纸惊艳的表现力。数学家用数理逻辑演绎折纸几何的变化规则，折纸解题数学方程，亦或计算求取折纸展开图的几何形态。古老的折纸智慧不断启发着创新者开拓全新的应用领域，诸如进入人体的血管支架、升入太空后展开的太阳能电池装置等天马行空的创意已然成为真正的实践创举。电子折纸是对未来领域创新的构想，在艺术形式、复合材料、动力机构、逻辑算法、智能交互等信息物理科技融合下，折纸智慧将拥有更多的价值契机。

　　何谓电子折纸？简而言之就是运用电子技术手段"活化"折纸，使折纸成为信息互动的角色载体。首先，电子折纸要找出拥有活动变化能力的纸型结构，这是"活化"折纸的基础，犹如动物的骨骼与关节决定了基本运动形式、鳞甲伸缩引起形体变化。其二，纸型结构的驱动方式是电子折纸运动变化的动力基础。本书围绕电机驱动方式介绍电子折纸案例及其设计过程，驱动方式不仅仅限于产生机械运动的电机形式，结合智能材料响应磁场、电场、光、温度等物理变量产生运动亦是驱动电子折纸运动的良选。其三，电子折纸要塑造生动的角色，动作设计是个性表达的重点，模仿生物动作进行抽、拟态，或依据人的肢体语言进行表达，皆为角色创造的有效途径。电子折纸动作编写为程序代码，为交互设计提供丰富素材。其四，电子折纸的"智能"是不断进化的开发内容，包括示教型的动作表演、响应外界环境变化做出交互行为、简单人机交互达成沟通，乃至拥有情感表达能力、具有人工智能自主行为能力等，这取决于电子折纸开发的意图及其加载的智能机芯处理能力。电子折纸具有轻量化、可扩展、高度可定制化等特点，将其定义为一种新的设计范例，对未来智能设计具有很好的引领作用。

　　如何获得电子折纸设计和开发的能力？电子折纸设计的跨学科特点即是最大挑战，造型属于艺术设计，装配结构需运用机械机构原理，驱动方式及电机控制源于机电工程，动作设计属数字媒体动漫设计范畴，传感器等智能硬件选择踏入了信息电子范畴，智能交互以软件程序执行的方式为计算机或软件开发新的内容。电子折纸设计有四个主要环节，包括折纸造型设计、驱动装置设计、运动逻辑定义与智能交互设计。每个环节的设计内容及具体过程由多个案例解析，电子折纸设计实践需通过不断调试去优化迭代，希望通过案例复刻帮助更多用户掌握电子折纸的相关知识与技能。

　　电子折纸极具创新潜力，作为独立产品，它的商业应用可以从寓教于乐的玩具、情感交互产品、家居产品，乃至智能机器人等更多形式发展；作为示教学习案例，电子折纸项目的试着融合多学科知识和技能，有助于创新综合能力的培养。电子折纸设计是产品创新的探索，更是融合多学科知识和技能的设计探索。书中案例尽呈其详，既有设计思考过程，亦有阶段性成果记录，以期如实反映设计进程。电子折纸案例的设计者皆为本科生，既有来自工科专业，也有来自的艺术专业。拥有跨学科知识和技能的创新者是未来发展之栋梁，一切探索还在进行，欢迎读者和设计同行指正。

江　浩　　　　杨　颖　　　左　奎

浙江大学国际设计研究院　　　浙江大学工业设计系　　　浙江大学国际设计研究院

第 1 章

绪　论

——

第 2 章

电子折纸基础

——

第 3 章

折纸造型与结构设计

——

第 4 章

动作机构设计与交互实现

——

第 5 章

电子折纸综合案例

——

附　录

第 1 章

绪　论

折纸是通过折叠弯曲等手法将纸张从二维平面形态转变为三维立体造型的艺术。传统折纸起源于中国，后在日本得到广泛发展，并传播到世界各地。折纸并非只是供人们娱乐的传统造型艺术，许多数学家、工程师和科学家们也在不断探索折纸发展的新方向，他们将折纸造型参数化，结合现代新材料与新结构，进而发展出计算折纸（computational origami）[1]、折纸工程学（origami engineering）[2]、折纸机器人（origami robots）[3]、折纸机电一体化（paper mechatronics）[4]等一系列涉及数学、机械、力学、材料、控制、生物、医学等学科的交叉领域。折纸的结构及折叠方法也得到广泛的应用，启发科学界、技术界、艺术界的思考，带来新的发明创造，如国际空间站的太阳能电池板、心血管覆膜支架、可形变机器人等。

古老的折纸智慧不断启发着创新者开拓全新应用领域。人工智能时代，所有对象都将具有信息交换的基本属性。本书所描绘的电子折纸交互设计就是对未来领域创新的大胆构想。艺术形式、复合材料、动力机构、逻辑算法、智能交互等技术融合，让折纸智慧拥有更多价值契机。

1.1 电子折纸缘起传统艺术

传统折纸起源于中国，主要作为传统玩具用于儿童消遣，有时人们把金银纸折成元宝形状用于民间祭祀。模块化的三角折纸是中国传统折纸的一个典型代表。如图 1-1-1 所示，三角折纸是将一张长方形的纸片折成一个具有两个小口袋的三角形模块，然后多个三角折纸模块相互嵌入，进而组合出丰富的造型。

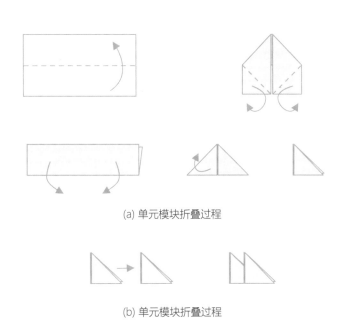

(a) 单元模块折叠过程

(b) 单元模块折叠过程

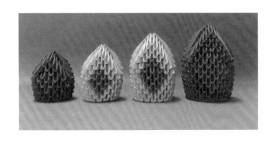

(c) 三角纸作品示例

图 1-1-1 三角折纸作品折叠过程

17—19 世纪传统折纸流行于江户时期的日本。千纸鹤是日本折纸最具有代表性的一件作品之一（如图 1-1-2 所示）。1797 年，日本僧人义道一圆出版了世界上第一部折纸书《秘传千羽鹤折形》，书中已出现用虚、实线条等图示描述折纸方法（如图 1-1-3 所示）。而后传统折纸艺术在日本得到了广泛的发展，涌现出许多新的折纸造型与折纸技法。现代折纸艺术也是通过日本向世界其他地方传播才得以普及。"折纸"的英文"origami"就是音译自日文发音"折（ori）"和"纸（gami）"。

图 1-1-2　千纸鹤

图 1-1-3　古文献中千纸鹤的折法（图源：东京都立图书馆《秘传千羽鹤折形》影印 www.library.metro.tokyo.jp/）

吉泽章与现代折纸

在现代折纸艺术从日本向世界的普及过程中，日本折纸艺术家吉泽章作出了巨大贡献。吉泽章是日本第一位以折纸作为主要创作媒介的艺术家，一生创作了万件折纸艺术作品，发明了湿折法在内的诸多新型折纸创作手法 [5]。1955 年，吉泽章的折纸作品首次在荷兰阿姆斯特丹市立博物馆进行海外展出，在西方世界引起巨大轰动。此后，吉泽章的折纸作品作为日本文化的一张名片，陆续在全球几十个国家展出。许多艺术家、数学家、科学家受到吉泽章的影响，纷纷投身于折纸创作或折纸研究。吉泽章也因而被誉为"现代折纸之父"。

传统折纸的传播主要还是通过创作者亲身演示、口口相传。在 20 世纪五六十年代，吉泽章将之前粗略的折纸图示符号系统整理成一种利用线、点、箭头等标记符号描述折纸技术的标准图示语言，并通过专著的方式传播折纸技巧。这套图示语言后经美国折纸艺术家 Samuel Randlett 进一步归纳整理成目前通用的吉泽章 -Randlett 折纸记号系统。标准化折纸图示符号系统的发明为折纸技巧的传授消除了文字障碍，为折纸艺术的全球普及和发展起到了巨大的推动作用。

1.2 折纸：从平面到立体

　　折纸是将二维平面形态的材料折叠重构为三维实体的造型艺术。其主要魅力在于，一张平面化的纸张经过若干次反复折叠，可以幻化成万千造型。图 1-2-1 和图 1-2-2 描述了两种常见折纸（纸盒与纸船）的关键折纸步骤，展现了折纸从平面到立体的过程。折纸结构往往具有可伸缩的特性，即在缩紧状态时的体积很小，在完全展开时则呈现一个立体形态。折纸结构的这一可伸展收缩的属性在工程领域，特别是在折纸结构与新型材料结合的情况下，得到广泛的应用。

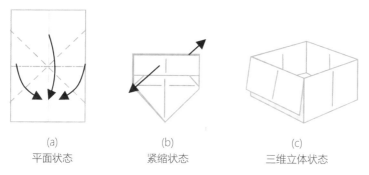

(a)　　　　　　　　　(b)　　　　　　　　　(c)
平面状态　　　　　　紧缩状态　　　　　三维立体状态

图 1-2-1　纸盒的关键折纸步骤

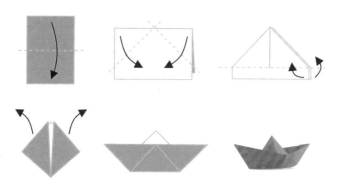

图 1-2-2　纸船的关键折纸步骤

1.2.1 弧线折纸

折纸的立体成形并不一定需要沿着直线折叠。日本筑波大学
教授兼折纸艺术家三谷纯[6]、美国麻省理工学院（Massachusetts
Institute of Technology, MIT）的 Martin Demaine 与 Erik
Demaine 父子[7]等人就通过计算机算法辅助，设计创作了一系列
曲面形立体折纸作品（如图 1-2-3 所示）。

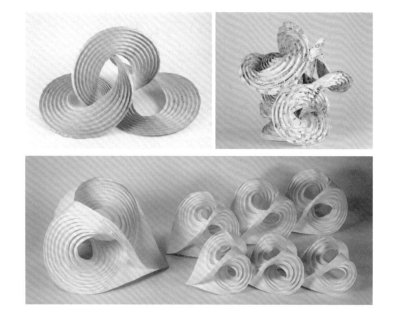

图 1-2-3 Demaine 父子的弧线立体折纸（图源：http://erikdemaine.org/curved/）

1.2.2 可动折纸结构

折纸不仅有静态的造型，还有像折纸纸盒一样的伸缩形变。
通过折叠造成的纸痕，千纸鹤的头、翅膀和尾巴都可以相对身体
其他部分进行一定幅度的运动。在折纸艺术发展过程中，也涌现
了许多具有可动结构的折纸，如儿童折纸玩具东南西北、跳蛙等
（如图 1-2-4 所示）。日本折纸艺术家中村开己更是于 2003 年

发明了一种 Kamikara 纸机关的新型动态折纸[8]。中村开己通过
一系列的折纸和连接，以及一个卡扣，实现魔术般的自动折纸效
果。卡扣位于折纸结构底部，负责控制整个折纸结构的开合。当
近乎平面状态的动物折纸被丢到桌面时，卡扣机关被启动，折纸
结构被伸展成一个胖嘟嘟的动物造型（如图 1-2-5 所示）。本书
所描述的电子折纸交互设计就是受这类动态折纸结构启发，并结
合电机等实体交互的方式驱动折纸结构运动。

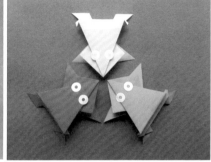

(a) 东南西北　　　　　　　　　(b) 纸跳蛙

图 1-2-4　动态折纸范例

图 1-2-5　中村开己的纸机关动物玩具

1.3 纸形态探索——折纸数学与计算折纸

折纸过程一经标准图示符号描述，很快激发了数学家和科学家们的兴趣。折纸与数学的结合大致可分为折纸数学（origami mathematics）与计算折纸（computational origami）[1]。折纸数学关注折纸结构的数学原理，将折纸艺术转换成空间几何问题进行研究[9]，如日裔意大利数学家藤田文章推演出折纸数学的基本公理[10]。计算折纸则更关注折纸设计，即用数学与计算的方式探索折纸造型。美国物理学家 Robert J. Lang 博士同时也是美国数学学会的成员，是世界上最重要的折纸艺术家和理论家之一。Robert J. Lang 博士在 1996 年国际计算机学会计算几何年会上发表的《折纸设计的计算算法》[11] 被认为是折纸数学与计算折纸发展史中的一篇里程碑论文。他认为折纸最重要的环节是折纸折痕图（crease pattern，CP），折痕具有数学属性，可以通过数学原理来探索折痕图中潜在的规律：无论多么复杂的折纸结构，都不外乎几种折叠模式，可通过数学来建模。他的折纸数学理论及应用被记录在其专著 *Origami Design Secret: Mathematical Methods for an Ancient Art*[10] 一书中。Robert J. Lang 还开发了两款名为 TreeMaker[12] 和 RefernceFinder[13] 的折纸软件来推演复杂的折纸造型。

加拿大数学神童 Erik Demaine 是折纸计算的另一位代表性人物。1999 年，年仅 18 岁的他描述了一种可以将一张纸折叠成任意三维形状的计算机算法[14]。 2001 年，Erik Demaine 加入麻省理工学院并成为电气工程和计算机科学最年轻的教授之一，在麻省理工学院开设计算折纸相关课程[15]，并与东京大学舘知宏博士合作开发了"自由折纸（freeform origami）""折纸家（origamizer）""刚体折纸模拟器（rigid origami simulator）"等一系列计算机辅助折纸设计与分析软件 [16]。

在数学与计算机算法的帮助下，折纸艺术家可以更方便地探索折纸的折叠与展开，创作新的折纸造型的数量被以几何级数增长。现代折纸造型的复杂度远超传统折纸，一件复杂的折纸作品往往要经过数千次折叠才成。通过计算机模拟，折纸结构的运动也可以得到更好的推演。

1.4 折纸在工程领域的应用

1.4.1 太空领域中的折纸智慧

折纸与数学 / 计算机科学的结合为折纸智慧在工程领域的应用铺平了道路。折纸智慧与形状记忆合金等新材料的结合更是创造了无限的可能。传统折纸盒子、纸船类折叠结构可以在紧缩与伸展两种状态间转换的特性,对于设计可折叠的航天负载有很大的借鉴价值。将负载送入太空困难且昂贵。通过高放缩比的折叠,可以将航天负载收缩成十分紧凑的状态进行运输,运送到太空之后又可以将其伸展开来进行太空部署。日本航空航天工程师三浦公亮就利用折纸的特性发明了三浦折叠法(Muira-Ori)[17]。该结构在拉开对角两端可以把整个结构展开,当反向推入时又可将其收缩得很小。三浦折叠法的放缩比可达 25:1,解决了用尽可能小的负载(体积)提供足够大面积太阳能板上太空的难题。1995 年,以三浦折叠思路设计的太阳能电池板被实际用于日本的一颗卫星的发射。

美国折纸大师 Robert J. Lang 博士在辞职专心研究折纸之前是美国国家航空航天局喷气推进实验室(NASA's Jet Propulsion Laboratory)的科学家,所以他高超的计算折纸能力也得以应用在太阳能板的折叠结构设计上。他与杨百翰大学(Brigham Young University, BYU)的 Shannon Zirbel 与 Larry Howell 教授团队及 NASA 工程师 Brian Trease 合作,发明了一种名为 HanaFlex[18] 的新型折法,能够将展开直径为 25m 的太阳能板收缩成直径为 2.7m 的折叠状态(如图 1-4-1 所示)。此外,Robert J. Lang 还与美国劳伦斯·利弗摩尔国家实验室(Lawrence Livermore National Laboratory)合作,以折纸的方法计划将展开直径为 100m 的太空望远镜镜片(薄膜形式)折叠装入小型运载火箭中，而不会让镜片留下永久性折痕。

欧洲太空国际合作项目"月球火星（MoonMars）"利用折纸结构灵活多变的特点，配合高性能织物，可以展开成不同形状的太空建筑，以适应复杂多变的外星地形[20]。这种新型的太空折纸建筑可以折叠成十分紧凑的状态，便于航天运输与重复使用。抵达外星环境时可以通过充气、弹出或机器人等方式进行灵活部署。折纸结构的多角度表面可以有效地分散微陨石直接撞击的风险，还便于太阳能板的安装，而且可以通过折纸结构的形变调整表面的角度，以更高效率收集太阳能。目前该太空建筑的原型系统正在瑞士的冰川及冰岛熔岩洞穴进行实地测试。

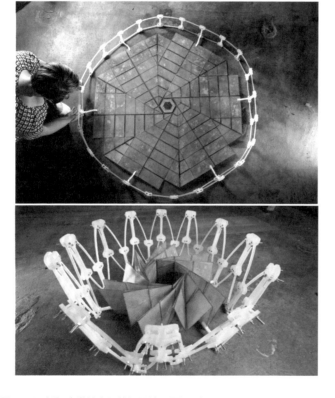

图 1-4-1　折纸启发的太阳能板设计（图源：https://www.jpl.nasa.gov/news/news.php?release=2014-277，版权归 BYU Photo 所有）

1.4.2 折纸机器人

NASA 喷气推进实验室不仅将折纸智慧应用在卫星太阳能板及太空望远镜的折叠结构上，还于 2017 年开发了一款名为 PUFFER 的可重构机器人[21]。PUFFER 是 "pop-up flat folding explorer robot" 的首字母缩写，中文译名为 "弹出式平面折叠探险机器人"。在需要的时候，它可以折叠成手机大小，以近乎平面的形态进行移动，然后在空间允许的情况下恢复成具有更强运动性能的小车原状（如图 1-4-2 所示）。这种形变能力使其能够应对复杂的勘探地形和更小的运动空间。未来 PUFFER 机器人可能被用来完成火星地表探索等太空任务。

图 1-4-2　PUFFER 小型机器人（图源：https://gameon.nasa.gov/projects/puffer/）

美国麻省理工学院计算机科学与人工智能实验室（MIT CSAIL）的 Daniela Rus 教授团队也专注于折纸启发的机器人设计，特别是可重构机器人的设计。该团队于 2017 年研制了一款展开尺寸仅为 $1.7cm^2$ 的微型折纸机器人（如图 1-4-3 所示）。该折纸机器人具有微小、可移动、可变形、可溶解的特点。它的驱动力来自外磁场。受折纸结构启发，该折纸机器人可以从一张小纸片"自动折叠"成一个可移动、载物并执行一定任务的微型机器人。折叠过程是部分可逆的，可以将机器人恢复成平面状态[22]。值得一提的是，除了自身包裹的永磁体是不可降解的，机器人的其余部分都能够在特定溶液中完全降解。未来这款折纸机器人有望用于医学领域中，如清理堵塞的血管、清理消化道、清除癌细胞等。

图 1-4-3 可自折叠的 MIT 微型折纸机器人 (图源: http://danielarus.csail.mit.edu)

除了微型折纸机器人，Daniela Rus 教授团队运用折纸结构设计出一款新型软体机械手（robotic gripper），能够抓取更多类的物体（如图 1-4-4（a）所示）。该机械手具有三个部分：基于折纸的骨架结构、用于包住折纸结构的气密表皮和连接器。其中，骨架结构是借鉴了"折纸魔球"（origami magic ball）的收缩结构（如图 1-4-4（b）所示），也可参见本书"2.4.1 中心缩放结构"。当使用真空泵将空气从机械手抽离时，机械手的折纸骨架就会折叠起来，产生抓力[23]。该团队还使用了一种特殊的热收缩塑料，可在特定温度下自行折叠。测试表明，应用这样的折纸结构使得它不仅可以抓取比自身重 100 倍、直径达 70% 的物体，而且不会破坏脆弱的物体。与传统的机械手相比，这款软体机械手可以不从某一个设定好的角度去抓取物品，而是从多个角度接近进行抓取，适用性更强。

(a) 气动机械手收抓取苹果

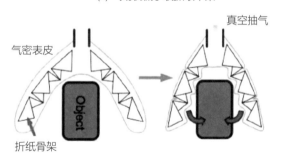

(b) 气动机械手的原理

图 1-4-4　MIT 受折纸启发的软体气动机械手
(图源：https://www.csail.mit.edu)

美国伊利诺伊大学机械科学与工程学院团队以折纸结构作为骨架，设计了一款模拟蚯蚓步态的爬行机器人[24]。图 1-4-5（a）中的模块 5 类似 Kresling 折叠结构是一种旋转伸缩结构（参见

本书"2.4.7 旋转伸缩结构"），该结构可以将其伸展和收缩耦
合到纵向和旋转运动。美国伊利诺伊大学机械科学与工程学院团
队以折纸结构作为骨架，设计了一款模拟蚯蚓步态的爬行机器人
[24]。图 1-4-5（a）中的模块 5 类似 Kresling 折叠结构是一种旋
转伸缩结构（参见本书"2.4.7 旋转伸缩结构"），该结构可以
将其伸展和收缩耦合到纵向和旋转运动。

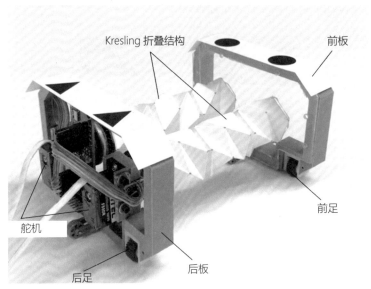

图 1-4-5 折纸启发的爬行机器人结构（图源：https://arg.mechse.illinois.edu/
people/oyuna-angatkina/）

1.4.3 折纸启发的医学创新

折纸的可展开结构并不局限于太空、机器人等领域的应用。
英国牛津大学的 Kaori Kuribayashi 教授团队将折纸的这种特性
应用在新型外科手术用的覆膜支架设计上[25]。该折纸支架由钛
镍形状记忆合金箔制成。这款支架应用了中心缩放结构（参见本
书"2.4.1 中心缩放结构"），伸缩前后体积变化大，具有极大
的伸缩性能。这一结构特性可以使得这一新型支架能够被折叠得

足够小，可放入血管或消化道内，在达到指定位置后再被展开形成一段覆膜支架。研究人员称该支架可用于食管和主动脉的微创手术中。

杨百翰大学（Brigham Young University, BYU）的 Larry Howell 与 Spencer Magleby 团队不仅与 NASA 合作，将折纸的高伸缩比属性应用在卫星太阳能板设计上，还将此特性应用于微创手术中，为达·芬奇手术机器人系统设计了一款可折叠的新型镊子[26]。图 1-4-6 显示的是该款微型镊子的折纸原型与产品图。它可以收缩得非常小，能穿过直径 3mm 的孔；它也无需针脚和其他部件，可以仅依靠折纸固有的偏转来实现手术所需要的动作。

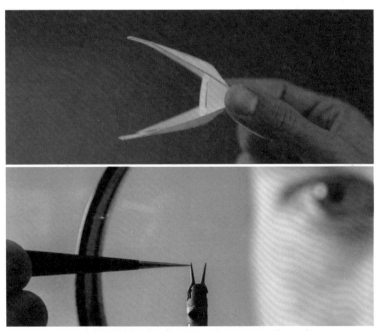

图 1-4-6　折纸启发的微创医疗设备（图源：https://news.byu.edu/news/tiny-origami-inspired-devices-opening-new-possibilities-minimally-invasive-surgery）

1.5 折纸在设计领域中的应用

折纸对每个设计师而言都不陌生。早在 1927 年德国包豪斯时期，折纸训练就被 Josef Albers 纳入设计基础课中，用以训练立体造型与对材料特性的探索。一纸成形应该是大多数设计专业学生在立体构成课上都经历过的折纸训练。受折纸启发的建筑、产品、家具、服装、包装等设计也屡见不鲜（如图 1-5-1 所示）。囿于篇幅所限，本节主要讨论折纸在人机交互设计领域中的应用。

(a) 三宅一生折纸裙、折纸包（图源: https://www.isseymiyake.com）

(b) Ayaskan Studio 设计的 Growth 花盆
（图源: https://www.ayaskan.com）

(c) Aljoud Lootah 设计的 Oru 家具
（图源: http://aljoudlootah.com）

(d) 隈研吾设计的 Darius Milhaud 音乐
学院（图源: https://kkaa.co.jp）

(e) Nicole Pannuzzo 设计的牙膏包装
（图源: http://www.nnuzzo.com）

图 1-5-1　受折纸启发的设计

1.5.1 具有运动与交互能力的折纸结构

前文提到折纸结构中往往具有相对可动的部分。不少研究者在探索如何让折纸能够"自己"动起来。日本庆应义塾大学团队将形状记忆合金（shape memory alloy, SMA）附着在折纸结构上，开发出"运动折纸（animated paper）"的方法[27]，通过调整形状记忆合金的安装位置及加热方式，创造了一系列基于折纸结构的自动折叠。

新加坡国立大学人机交互实验室（NUS-HCI Lab）的 Paper SIPT 项目也是基于折纸与形状记忆合金的结合。SIPT 是指选择性感应能量传输（selective inductive power transmission）。无线充电技术就是基于感应能量传输的。该实验室开发了一款名为"自动折纸（AutoGami）"的系统[28]，该系统可以用作产品设计或人机交互设计快速原型工具，通过 SIPT 控制形状记忆合金的形变来驱动折纸结构的运动。

美国科罗拉多大学博尔德分校 ATLAS 研究院也非常关注交互式的可动折纸结构。该团队提出"纸机电一体化（paper mechatronics）"概念，将折纸与机械设计、电子工程和计算思维等元素相结合，实现折纸的自动运动。HyunJoo Oh 博士主导开发的创意设计工具"FoldMecha"内置多种机械运动模型供用户选择，用户可以通过修改参数调整机械运动装置，之后通过系统生成的原件图和折叠图来制作实体模型，最终运用这些运动方式来实现自己的创意想法[4]。目前这套系统被应用在 STEAM 教育方面，帮助擅长做造型的艺术类背景的学生更好地学习和理解技术，或是作为这类学生学习计算设计的前置课程。如图 1-5-2 展示的是交互式捕蝇草折纸，装配有传感器，可感知到物体在接近，并快速闭合"花瓣"，就像遇到飞虫便闭合的捕蝇草[29]。传感器的应用赋予了动态折纸感知外界变化的能力，并作出适应性动作回应，极大地提升了动态折纸的交互能力与智能程度。

图 1-5-2　互动折纸案例之捕蝇草（图源：https://www.codecraft.group/
projects/papermech-foldmecha）

1.5.2 自我组装的折纸产品

另外一些研究者则将对折纸结构"自主运动"能力的关注点放在折叠过程上，而非与人进行互动。美国哈佛大学与麻省理工学院联合团队在探索一种具有自我组装（self-assembly）能力的新型产品。该类产品在生产加工时呈现平板状态，使得加工、运输和储存都极为便利。在使用时，它又可以自动折叠成复杂的三维结构。该团队将这一方法发表在 2014 年的《科学》（*Science*）[30] 上。因为平板材料可用"打印"的方式加工，如激光切割、柔性印刷电路板等，所以该方法也被称作"打印折叠法（print-and-fold approach）"。研究团队开发了一系列原型产品来展示并检验这类"实用折纸"，如爬行机器人[30]、尺蠖机器人[31]、台灯[32] 等。这些产品初始状态都是一块印刷有柔性电路板及嵌入电子元器件的平板，通过形状记忆合金或形状记忆聚合物等方式自动折叠组装成一件功能齐全的机器人或产品。

1.5.3 互动式折纸的设计系统

美国麻省理工学院计算机科学与人工智能实验室还为这种折纸启发的打印折叠法在机器人领域的应用开发了一套计算机辅助设计系统"Interactive Robogami"[33]，用来设计和开发具有地面活动能力的机器人。在产品设计方面，该系统采用构成设计（composition-based design）的方式，内置的资料库包含了数十种不同的机器人身体、轮子、腿部、其他外部设备等实体模块，以及不同"步态"的动作模块。用户只需从概念层面上关注整体设计，从资料库中选择合适的模块加以拼搭和参数调整。系统能够生成机器人外壳的展开图。用户可以像折纸一样折叠组装（如图 1-5-3 与图 1-5-4）。初步测试表明，这种折纸启发的打印折叠法可以将机器人生产时间缩短73％，材料使用量减少70％，而且这些机器人还能进行各种不同的运动。

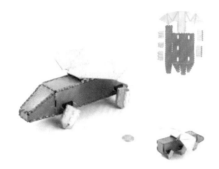

图 1-5-3　用 Interactive Robogami 设计的可以组装的小龙机器人
（图源：https://news.mit.edu）

(a) 蚂蚁　　　　　　　　　　　(b) 老鼠

(c) 猴子　　　　　　　　　　　(d) 小车

图 1-5-4　用 Interactive Robogami 设计的可以组装的各种机器人
（图源：https://news.mit.edu）

1.6 小 结

综合前文所调研的折纸及其应用，笔者不难发现折纸结构具有轻质、可形变、可降解等诸多优点，结合机械运动、电机驱动及计算机编程控制，可以极大地丰富折纸的艺术表达能力及应用前景。这也是笔者启动"电子折纸交互设计"课题的缘起。

- 折纸的折叠结构及方法可以应用于纸张及其他薄片状材料，各式新型"纸材"（如形状记忆合金箔、多层复合材料）极大地扩展了折纸的应用范围。
- 折纸从平面到立体的高伸缩比的形态重构，以及折叠结构灵活形变的能力，为产品造型提供丰富的解决方案。
- 折纸结构与驱动器（如感应能量传导、真空泵、舵机）及传感器的结合，赋予了折纸结构自主运动与感知外界的能力，为交互式的智能折纸创造可能性。

电子折纸交互设计就是这样一个交互式智能折纸的探索，以纸作为主要材料，依托折纸结构的特性，结合物理计算（驱动器、传感器、控制器），试图打造一种新型的实体交互设计类别。

本书第 2 章为电子折纸基础，将介绍电子折纸的定义，概述电子折纸交互设计的方法及流程步骤，同时回顾并整理常见的动态折纸结构，为后续设计的造型与结构解决方案提供参考。第 3 章与第 4 章将分别介绍电子折纸交互设计的两个核心步骤：折纸造型与结构设计以及动作与交互设计。第 5 章则通过一系列案例详细介绍设计方法的实际应用。

第 2 章

电子折纸基础

折纸有很强的艺术造型力，足以创造大千世界。

动态折纸演绎灵巧变化，让生命力跃然纸上。

编程介入，给折纸注入交互的思想，获得与人沟通的力量。

电子折纸——智能时代的新物种。

本章首先介绍电子折纸交互设计的定义与主要设计流程。这一部分可以视作本书的纲要。本章后半部分介绍了折纸标记符号等基础知识点，及常见的动态折纸结构示例，为后续的具体设计环节奠定基础。

2.1 电子折纸的定义和设计对象

在本书中，电子折纸是指以纸张为主要材料，以折叠及弯曲纸张的方式为主要造型手段，配合若干电机及传感器来驱动折纸结构的运动以及与外界的交互。在笔者看来，这种电子折纸具有轻量化、可扩展、高度可定制化的特点，是传统折纸艺术的交互呈现，更是一种全新的设计范例。

　　电子折纸的特点如图 2-1-1 所示，同时具有"折纸造型"的
艺术特征——拥有丰富的三维角色形象与肢体语言；也要求符合
"电子化"的技术特征——可以感知识别外界信号，拥有反馈机
制和相应的交互逻辑，用电子的方式赋予折纸新的生命形式。

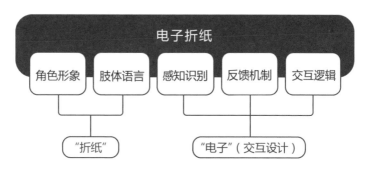

图 2-1-1　电子折纸的特点

　　在这个过程中，笔者需要充分了解纸张的特性，发挥纸张与
生俱来的韧性，对传统又古老的折纸艺术进行创新再设计。通过
折叠出不同的造型，塑造丰富和灵活的角色形象；结合纸张的拉
伸、旋转、摆动等形变，再创造角色丰富的"肢体语言"。在这
个过程中，笔者可以用一张纸折叠成形，更能运用裁剪、拼接等
方式提升其变形力及造型。

　　同时，电子折纸在运动形式上还具有可交互的特点。用户将
自身行为作为输出信号，输出的形式包括声音、触摸、人体温度
等。电子折纸再通过传感器捕获信号进行输入，通过运动效果进
行输出。传感器接收信号输入后将数据传输给处理器进行处理，
处理器针对不同情况调用不同程序，控制动力装置做出不同响应，
在动力装置的驱动下，折纸结构以及机械结构能相互配合，实现
运动输出。

2.2 电子折纸交互设计流程

电子折纸交互设计项目涉及多个学科知识，折纸造型属于艺术设计，结构创新需要学习机械机构基本原理；动作设计与智能交互实现涉及机电动力及数模信号的逻辑设计，需要知晓传感器等硬件选择，并以软件程序实现最终交互。

在折纸造型与结构设计的过程中（如图 2-2-1），需要设计出一个有运动自由度的结构，并且根据结构的折痕绘制折叠图纸；在动作设计与互实现过程中，需要结合折纸形态设计出生动有趣的动作效果，让电子折纸的动作有趣，再通过程序开发实现硬件控制，实现电子折纸的交互动作。在这个过程中，各阶段需要设计与实验试制，进阶获得反馈再试制，迭代优化不断完善设计成果。

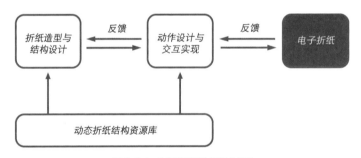

图 2-2-1 电子折纸的设计过程

2.2.1 动态折纸结构示例

在设计自己的折纸结构之前，设计师应首先进行可运动折纸原型研究，熟悉折纸结构特点。折纸结构形变的方式有拉伸、中心缩放、角度开合等形式，每类形变结构都有多种实现方式，如图 2-2-2 所示。本章 2.4 小节将系统展示笔者所梳理的常见动态折纸结构。

(a) 拉伸结构　　　　(b) 中心缩放结构　　　　(c) 开合结构

图 2-2-2 折纸结构的变形方式

2.2.2 折纸造型与结构设计

在熟悉基本折纸结构之后，设计师就可以开始设计自己的电子折纸角色了。读者可以从生物形式进行原型提取，可以从几何形体提取抽象造型，也可以直接从可运动的折纸原型出发来设计折纸结构。

图 2-2-3 展示了一个蝙蝠的折纸造型提炼过程。设计者从蝙蝠飞行中的两种状态出发展开设计：一种是翅膀展平的状态，另一种是翅膀扇动的状态。当翅膀展平时［如图 2-2-3(a)］，蝙蝠外轮廓近似一个倒梯形，主要骨骼结构近似一个菱形。当翅膀扇动时［如图 2-2-3(b)］，梯形折叠，将每边翅膀的骨骼简化成的 2 条虚线增加为 6 条，经过折叠之后可以更好地呈现翅膀的造型。

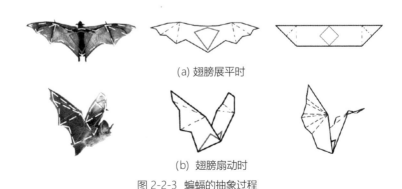

(a) 翅膀展平时

(b) 翅膀扇动时

图 2-2-3 蝙蝠的抽象过程

2.2.3 动作设计与交互实现

在确定电子折纸基本的造型和结构后，设计师下一步需要对电子折纸进行动作设计和交互实现的步骤。电子折纸动作设计需要对生物形态姿势、体态变化、肢体动作、事件行为等活动状态进行模仿与创作，用于塑造生动的角色形象、描绘故事、制造场景感，传递有趣的信息、概念，表达一定的知识和逻辑，建立友好的人机交互。进行动作设计的步骤如图 2-2-4 所示。

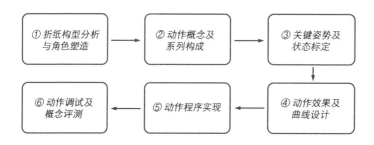

图 2-2-4 动作设计的步骤

电子折纸交互设计旨在构建与用户交互的逻辑执行系统（如图 2-2-5），使机器人行为达成用户理解下有意义的信息传达，提升用户交互意愿，在交互过程中塑造角色个性，产生场景感、脚本故事，让用户获得情境感的沉浸式体验。

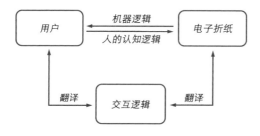

图 2-2-5 交互设计的作用

　　在完成动作设计和交互实现步骤后，还需要对电子折纸进行多次运动测试，获得反馈后再次内部优化折纸造型与结构设计。电子折纸动作设计与交互实现步骤的目标和原则是，既要保证舵机等配件安装方式的合理性，又要保证塑造的角色具有一定的灵活性与生动性。在不断测试与反馈中，根据目标与原则来确定最终的电子折纸方案。

2.3 折纸相关的标记符号

在介绍具体折纸之前，首先简要介绍折纸标记符号。本书主要通过折痕图（crease patterns, CP），并辅助以吉泽章 - Randlett 折纸记号系统来描述折纸结构及折叠步骤[33]。如图2-3-1 所示，用实线、虚线、点划线来标记"切割""谷折法""山折法"三种常见的折纸手法。"谷折法"也称"向前折法"，是将虚线两侧的纸张朝向你自己的方向进行折叠，折成后虚线处于V 形结构的底部，形似一个山谷。"山折法"恰好相反。"山折法"也称"向后折法"，它是以这条点划线为界，将两侧的纸张向远离你自己的方向折叠，折成后点划线位于折纸结构的顶部，形似一座山峰。掌握这些基本折纸标记符号也可以帮助读者更好地学习网络上其他折纸相关资料。

本书用灰色区域表示胶水粘贴处，根据对应的数字编号粘贴其他部分的折纸结构或机械传动结构。因为电子折纸的交互涉及舵机与传感器，所以笔者新增了栅格线区域，用来表示粘贴舵机与传感器的位置。

图 2-3-2 是小象的折纸过程。读者应先沿着实线将小象的折纸图纸切割下来，分别沿着虚线和点划线折出谷折与峰折的痕迹，再将灰色区域的胶水粘贴处按照对称的数字有序粘贴起来，最后在条纹阴影区域安装控制小象鼻子运动的舵机，即可完成小象的折叠步骤。

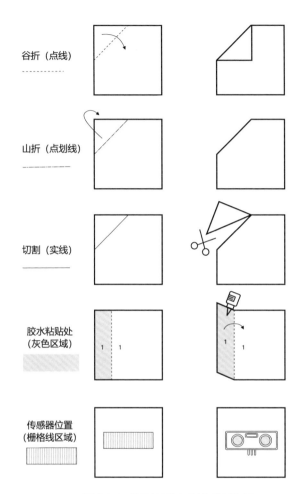

谷折（点线）

山折（点划线）

切割（实线）

胶水粘贴处
（灰色区域）

传感器位置
（栅格线区域）

图 2-3-1 常见的折纸手法与位置标记

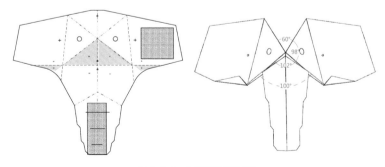

图 2-3-2 小象的折纸过程

2.4 动态折纸结构示例

在折纸造型与结构设计的过程中，为了实现灵活生物的折纸造型角色形象的塑造，笔者需要先熟悉基本的传统动态折纸结构。动态折纸结构成型后各部分可以产生相对运动，结构一般具有多种机械运动形式，可以实现展开和折叠等多种运动形态（如图 2-4-1）。目前已有的可运动的折纸结构模型有 300 多种，笔者可以根据不同的机械运动形式，将动态折纸结构进行初步归类，以方便读者理解和掌握这些折纸结构，以及在后续设计过程中快速查找合适的设计参考。图 2-4-2 展示了 20 种常见的动态折纸结构。

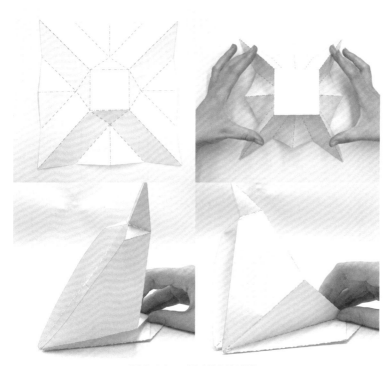

图 2-4-1 可运动的折纸结构

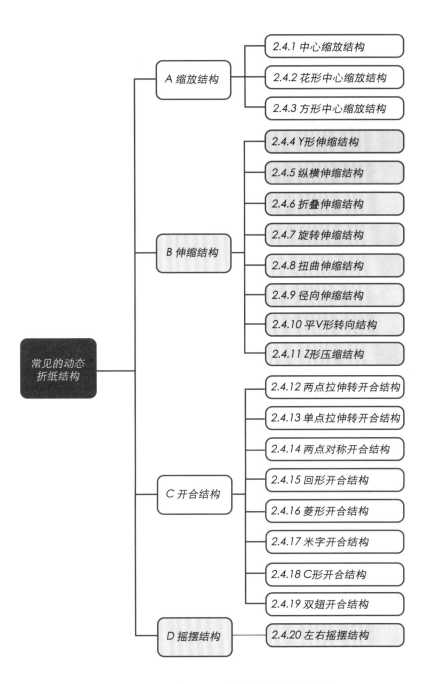

图 2-4-2 20 种常见的动态折纸结构

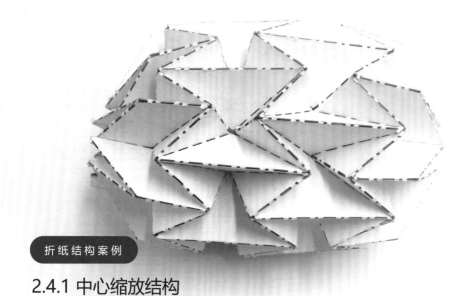

2.4.1 中心缩放结构

结构特点

运动效果：收缩。

应用：膨胀、呼吸等效果。

运动状态分析（见图2-4-3）

(a) 状态一：收缩

(b) 状态二：扩张

图 2-4-3 运动状态分析

结构说明

　　该结构具有极大的伸缩性能，伸缩前后体积变化明显。在制作过程中需要反复利用峰谷折叠变换达到所需的效果，较为复杂，折痕图如图 2-4-4 所示。

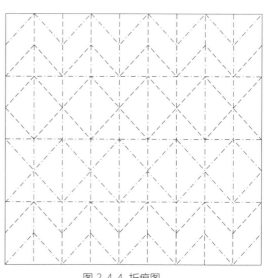

图 2-4-4 折痕图

应用案例（见图2-4-5）

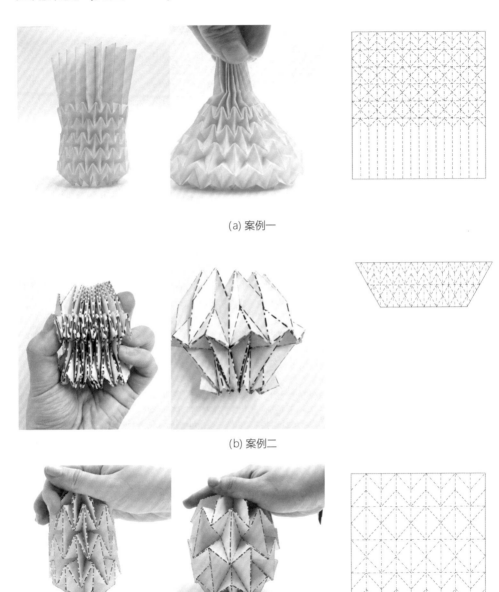

(a) 案例一

(b) 案例二

(c) 案例三

图 2-4-5 中心缩放结构应用案例

2.4.2 花形中心缩放结构

结构特点

运动效果：收缩。

应用：开放等效果。

运动状态分析 (见图2-4-6)

(a) 状态一：收缩

(b) 状态二：扩张

图 2-4-6 运动状态分析

结构说明

　　该结构利用中心旋转收缩的原理使纸张中心旋转收缩，不同的旋转痕迹可以得到不同的收缩效果，但痕迹与中心圆相切能更好地获得收缩效果，而且外边界以圆形或多边形为佳，折痕图如图 2-4-7 所示。

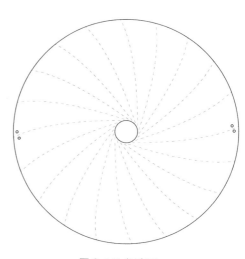

图 2-4-7 折痕图

应用案例（见图2-4-8）

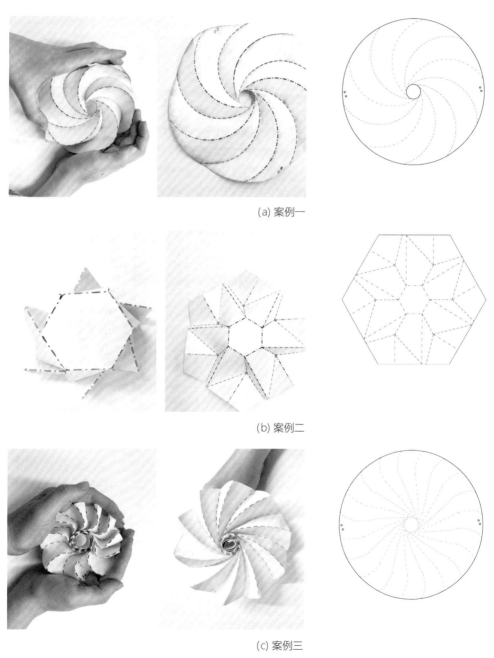

(a) 案例一

(b) 案例二

(c) 案例三

图 2-4-8 花形中心缩放结构应用案例

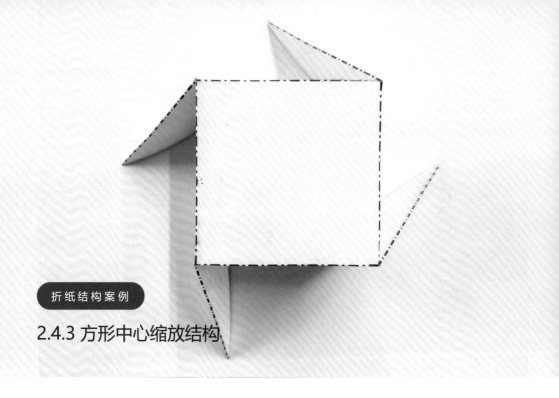

2.4.3 方形中心缩放结构

结构特点

运动效果：以某个中心做缩放运动。

应用：应用于较大幅度缩放结构。

运动状态分析（见图2-4-9）

(a) 状态一：扩张

(b) 状态二：收缩

图 2-4-9 运动状态分析

结构说明

　　以一个九宫格为例，四个角的正方形的对角线为峰折，以中心的正方形为旋转中心向四周缩放，构成了这种结构的基本单元，折痕图如图 2-4-10 所示。

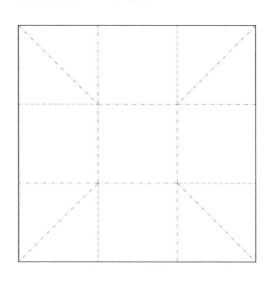

图 2-4-10 折痕图

应用案例（见图2-4-11）

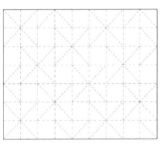

(a) 案例一

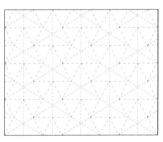

(b) 案例二

图 2-4-11 方形中心缩放结构应用案例

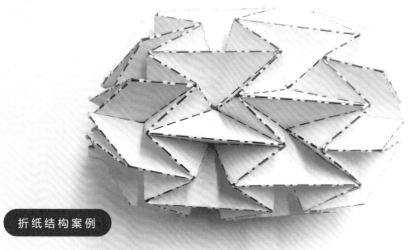

2.4.4 Y 形伸缩结构

结构特点

运动效果：拉伸运动。

应用：应用于做拉伸运动的机器人。

结构说明

　　拉伸结构的关键在于"错位折叠"，即相邻的两个部分一个凸出，一个凹向下部，以此可以变换出各种拉伸结构，折痕图如图2-4-13 所示。

运动状态分析（见图2-4-12）

(a) 状态一：展开

(b) 状态二：收拢

图 2-4-12 运动状态分析

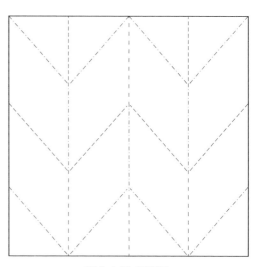

图 2-4-13 折痕图

应用案例（见图2-4-14）

(a) 案例一

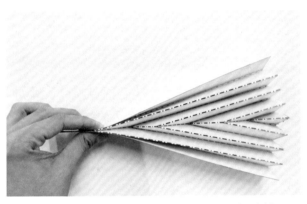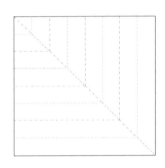

(b) 案例二

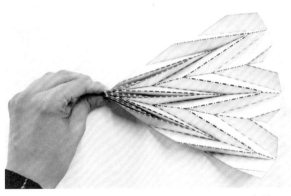

(c) 案例三

图 2-4-14 Y 形伸缩结构应用案例

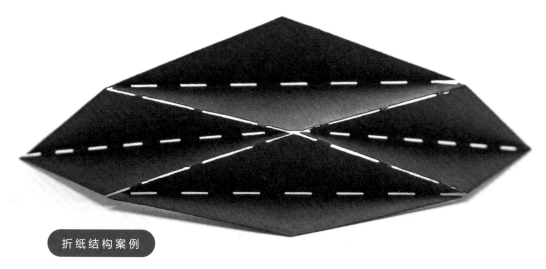

2.4.5 纵横伸缩结构

结构特点

运动效果：进行纵横方向伸缩运动。

应用：生命体。

运动状态分析（见图2-4-15）

(a) 状态一：压缩

(b) 状态二：伸张

图 2-4-15 运动状态分析

结构说明

  本结构能够在两个方向上进行伸缩，同时在两组方向上提供的力能够产生不同的效果，如多对四个方位都提供不同的力，就能够形成更多的变化，折痕图如图 2-4-16 所示。

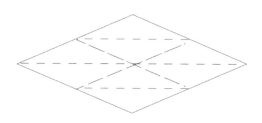

图 2-4-16 折痕图

应用案例（见图2-4-17）

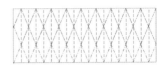

(a) 案例一

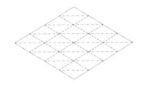

(b) 案例二

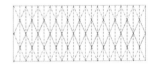

(c) 案例三

图 2-4-17　纵横伸缩结构应用案例

2.4.6 折叠伸缩结构

结构特点

运动效果：通过折叠的方式，在施加力后进行扇形方向伸缩运动。

应用：扇子、孔雀。

结构说明

本结构能够在扇形区域内伸缩，类似开闭扇，折痕图如图 2-4-19 所示。

运动状态分析（见图2-4-18）

(a) 状态一：压缩

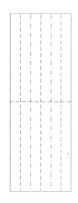

(b) 状态二：伸张

图 2-4-18 运动状态分析

图 2-4-19 折痕图

应用案例（见图2-4-20）

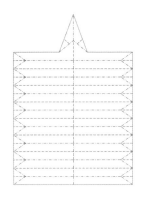

(a) 案例一

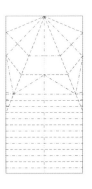

(b) 案例二

图 2-4-20 折叠伸缩结构应用案例

2.4.7 旋转伸缩结构

结构特点

运动效果：上下旋转伸缩运动。

应用：鼓、风箱。

运动状态分析（见图2-4-21）

(a) 状态一：伸张

(b) 状态二：压缩

图 2-4-21 运动状态分析

结构说明

本结构能够通过上下压力进行伸缩运动，并伴随有小幅度的旋转，折痕图如图 2-4-22 所示。

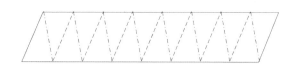

图 2-4-22 折痕图

应用案例（见图2-4-23）

 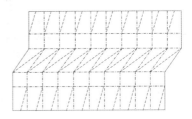

(a) 案例一

 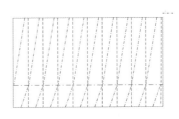

(b) 案例二

图 2-4-23 旋转伸缩结构应用案例

折纸结构案例

2.4.8 扭曲伸缩结构

结构特点

运动效果：左右弯折及上下伸缩。

应用：蛇、毛毛虫、千斤顶。

结构说明

本结构可以通过上下挤压及横移进行伸缩及弯曲，折痕图如图 2-4-25 所示。

运动状态分析（见图2-4-24）

(a) 状态一：压缩

(b) 状态二：伸张

图 2-4-24 运动状态分析

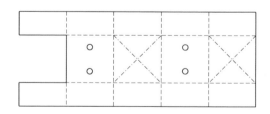

图 2-4-25 折痕图

应用案例（见图2-4-26）

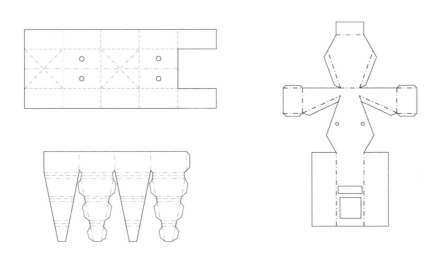

图 2-4-26 扭曲伸缩结构应用案例

折纸结构案例

2.4.9 径向伸缩结构

结构特点

运动效果：径向大幅度伸缩并在横向上小幅度收缩扩散。

应用：水母。

运动状态分析（见图2-4-27）

(a) 状态一：伸

(b) 状态二：缩

图 2-4-27 运动状态分析

结构说明

　　一方面本结构可以通过径向上两个着力点的压力进行伸缩，横向上会相应地进行扩散运动。另一方面还可通过控制横向上两点的扩散运动带动径向上的伸缩运动。折痕图如图 2-4-28 所示。

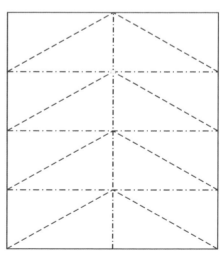

图 2-4-28 折痕图

应用案例（见图2-4-29）

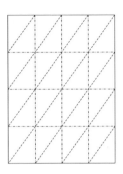

(a) 案例一

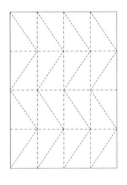

(b) 案例二

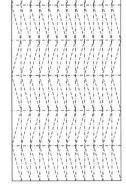

(c) 案例三

图 2-4-29 径向伸缩结构应用案例

2.4.10 平 V 形转向结构

结构特点

运动效果：横向转向定型，径向伸缩运动。

应用：多边形柱体。

运动状态分析（见图2-4-30）

(a) 状态一：伸

(b) 状态二：缩

图 2-4-30 运动状态分析

结构说明

　　本结构在横向上趋向闭合状态，纵向上通过两边的压力大小进行收缩和形态复原。在应用案例中，根据结构所需转向角度计算折叠部分的长度与宽度的比例。折痕图如图2-4-31所示。

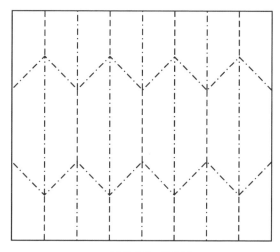

图 2-4-31 折痕图

应用案例（见图2-4-32）

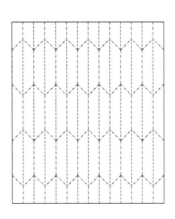

(a) 案例一：四面体

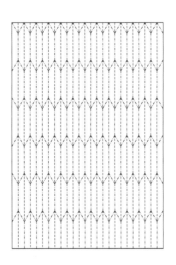

(b) 案例二：六面体

图 2-4-32 平 V 形转向结构的应用案例

2.4.11 Z 形压缩结构

结构特点

运动效果：径向旋转压缩与展开。

应用：平面转立方体、空心立体四角星。

运动状态分析（见图2-4-33）

结构说明

一方面该结构单元可以通过横向重复延伸形成中心收缩结构，另一方面通过两两拼接单元结构可形成能进行由平面转立体运动的结构，折痕图如图 2-4-34 所示。

(a) 状态一：伸

(b) 状态二：缩

图 2-4-33 运动状态分析

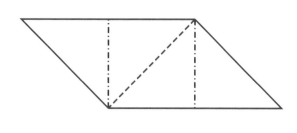

图 2-4-34 折痕图

应用案例（见图2-4-35）

结构单元 × 2n

(a) 案例一： 平面转立方体

(b) 案例二 ： 空心立体四角星

图 2-4-35 Z 形压缩结构应用案例

2.4.12 两点拉伸转开合结构

结构特点

运动效果：通过两点拉伸控制，张开与收合。

应用：嘴、大嘴蛙。

运动状态分析（见图2-4-36）

(a) 状态一：开

(b) 状态二：合

图 2-4-36 运动状态分析

结构说明

　　本结构通过控制两点的拉伸运动从而实现空间上呈垂直关系的两点开合运动。常用于仿生嘴部运动，折痕图如图 2-4-37 所示。

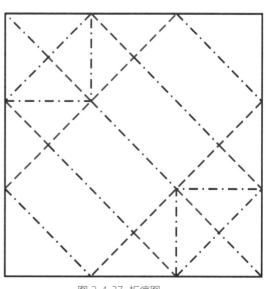

图 2-4-37 折痕图

应用案例（见图2-4-38）

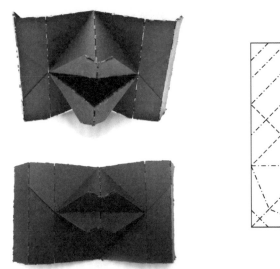
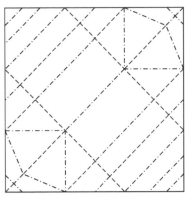

(a) 案例一：嘴

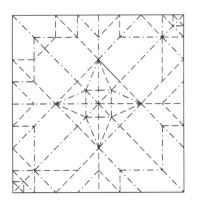

(b) 案例二：大嘴蛙

图 2-4-38 两点拉伸转开合结构应用案例

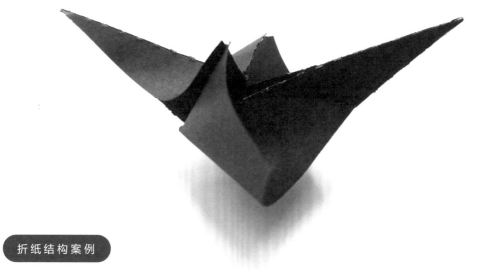

2.4.13 单点拉伸转开合结构

结构特点

运动效果：通过拽动一点拉伸带动两个面上下浮动。

应用：纸鹤。

运动状态分析（见图2-4-39）

(a) 状态一：合

(b) 状态二：开

图 2-4-39 运动节点分析

结构说明

本结构通过在一点上施加力从而带动两点的开合运动。相比于其他机械式开合结构，此结构较为松动灵活，运动效果较为仿生自然。折痕图如图 2-4-40 所示。

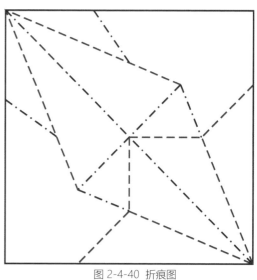

图 2-4-40 折痕图

应用案例（见图2-4-41）

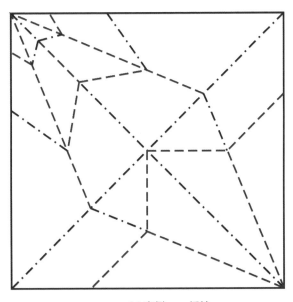

(a) 案例一：纸鹤

图 2-4-41 单点拉伸转开合结构应用案例

2.4.14 两点对称开合结构

结构特点

运动效果：对称开合运动。

应用：猫头鹰、蝴蝶。

结构说明

本结构需要固定中心轴，在对称的两点上施加同样的力进行对称开合运动，可大量运用于动物翅膀的扇动效果，折痕图如图 2-4-43 所示。

运动状态分析（见图2-4-42）

(a) 状态一：开

(b) 状态二：合

图 2-4-42 运动状态分析

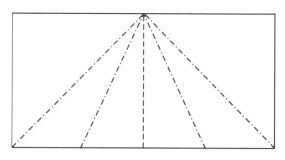

图 2-4-43 折痕图

应用案例（如图2-4-44）

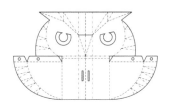

(a) 案例一：猫头鹰

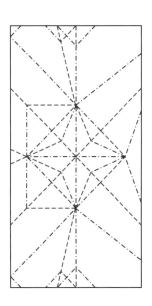

(b) 案例二：蝴蝶

图 2-4-44 两点对称开合结构

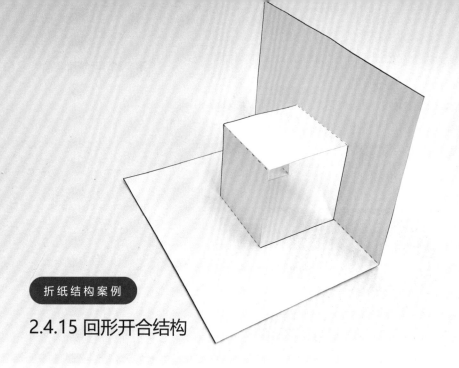

2.4.15 回形开合结构

结构特点

运动效果：径向开合折叠。

应用：贺卡。

结构说明

　　本结构可以通过中心轴固定时，一面固定，一面旋转或两面旋转实现开合运动。折痕图如图 2-4-46 所示。

运动状态分析（见图2-4-45）

(a) 状态一：展开

(b) 状态二：合拢

图 2-4-45 运动状态分析

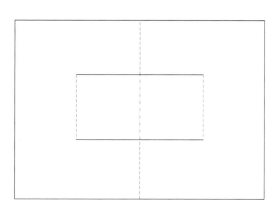

图 2-4-46 折痕图

应用案例（见图2-4-47）

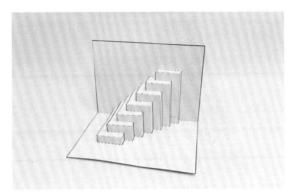 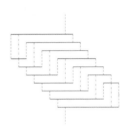

(a) 案例一

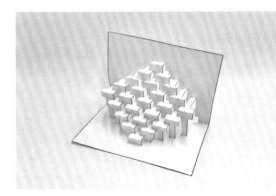 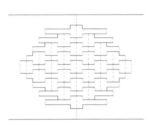

(b) 案例二

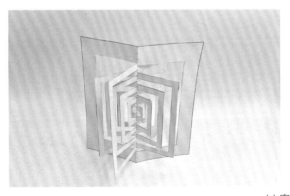 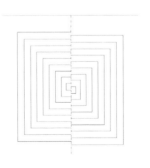

(c) 案例三

图 2-4-47 回形开合结构应用案例

折纸结构案例

2.4.16 菱形开合结构

结构特点

运动效果：在垂直两个方向上开合。

应用：东南西北。

运动状态分析（见图2-4-48）

(a) 状态一：水平展开

(b) 状态二：竖直展开

图 2-4-48 运动状态分析

结构说明

本结构可以通过纸张在水平和竖直方向上的向里收缩和向外拉伸实现两个方向的来回开合。折痕图如图 2-4-49 所示。

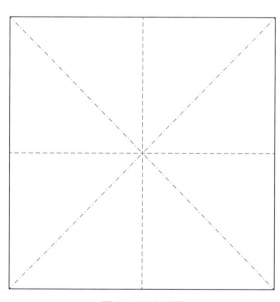

图 2-4-49 折痕图

应用案例（见图2-4-50）

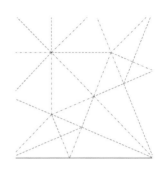

(a) 案例一

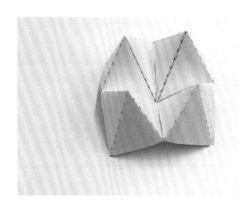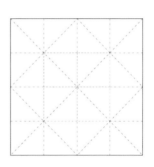

(b) 案例二

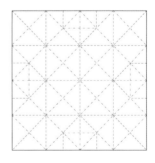

(c) 案例三

图 2-4-50 菱形开合结构应用案例

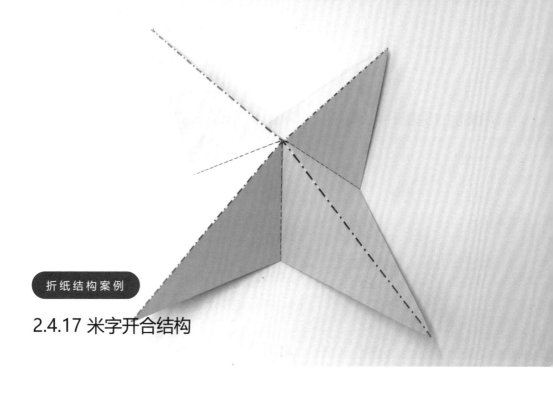

2.4.17 米字开合结构

结构特点

运动效果：里外扩张、收缩。

应用：伞。

结构说明

  本结构可以通过纸张全方位的收缩扩张实现图形的绽放和聚合，折痕图如图 2-4-52 所示。

运动状态分析（见图2-4-51）

(a) 状态一：展开

(b) 状态二：收缩

图 2-4-51 运动状态分析

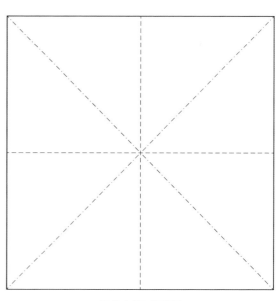

图 2-4-52 折痕图

应用案例（见图2-4-53）

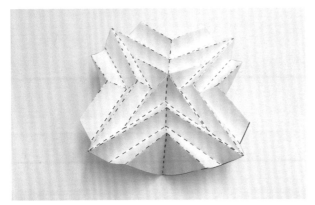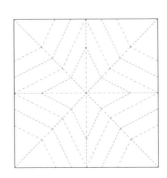

(a) 案例一

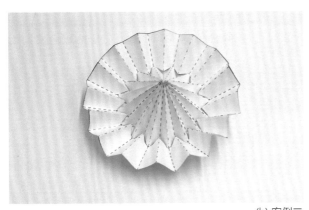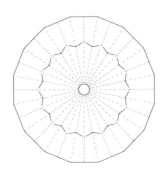

(b) 案例二

图 2-4-53 米字开合结构应用案例

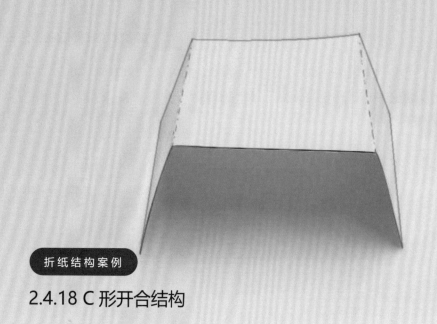

2.4.18 C 形开合结构

结构特点

运动效果：向前运动。

应用：爬行动物。

结构说明

　　一侧做横向开合，通过前后摩擦力向前运动。折痕图如图 2-4-55 所示。

运动状态分析（见图2-4-54）

(a) 状态一：展开

(b) 状态二：收拢

图 2-4-54 运动状态分析

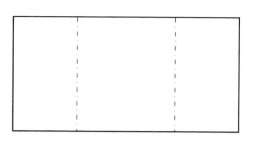

图 2-4-55 折痕图

应用案例（见图2-4-56）

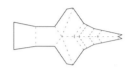

(a) 案例一

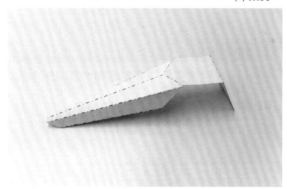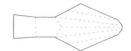

(b) 案例二

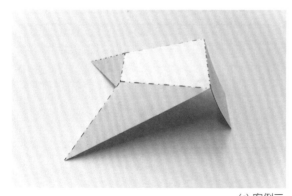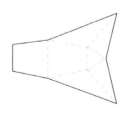

(c) 案例三

图 2-4-56 C 形开合结构应用案例

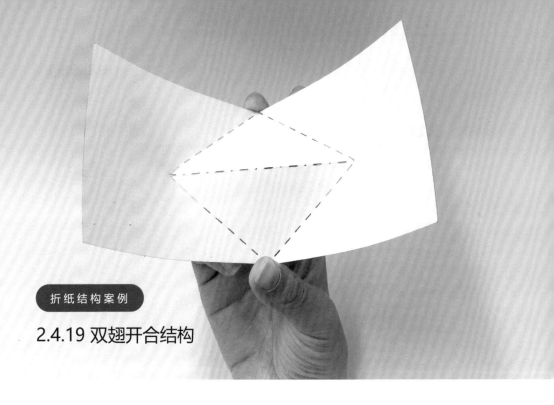

2.4.19 双翅开合结构

结构特点

运动效果：向前运动、向上开合抖动。

应用：飞行动物、爬行动物。

结构说明

挤压使两个动力面向下翻转，利用其翻转力带动两侧上下运动，形成开合的运动效果。折痕图如图2-4-58所示。

运动状态分析（见图2-4-57）

状态一：展开

状态二：收拢

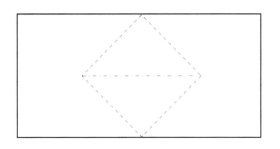

图 2-4-57 运动状态分析

图 2-4-58 折痕图

应用案例（见图2-4-59）

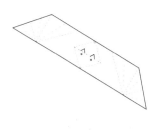

(a) 案例一

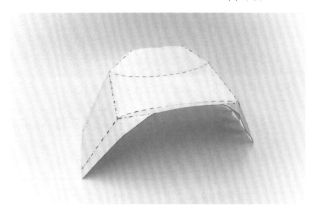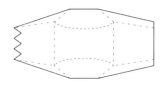

(b) 案例二

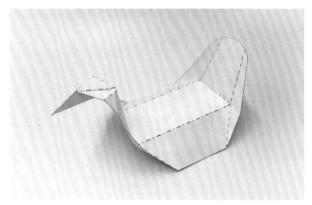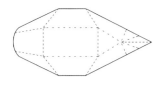

(c) 案例三

图 2-4-59 双翅开合结构应用案例

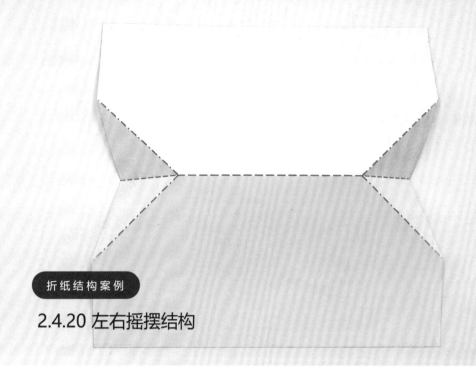

2.4.20 左右摇摆结构

结构特点

运动效果：可以实现左右摇摆。

应用：鹅、小龙虾。

结构说明

　　本结构可以通过左右两侧结构的捏合和舒张实现整体的左右摆动。折痕图如图 2-4-61 所示。

运动状态分析（如图2-4-60）

状态一：左侧捏合

状态二：右侧捏合

图 2-4-60 运动状态分析

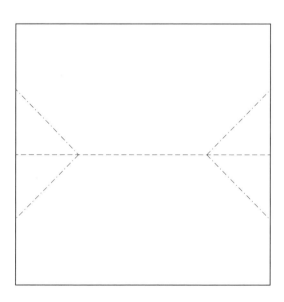

图 2-4-61 折痕图

应用案例（见图2-4-62）

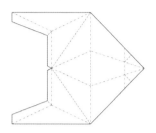

(a) 案例一

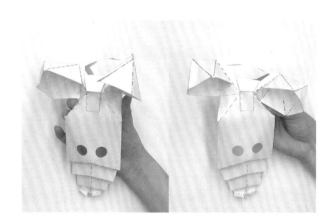
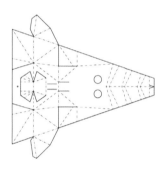

(b) 案例二

图 2-4-62 左右摇摆结构应用案例

第 3 章

折纸造型与结构设计

3.1 折纸造型的角色塑造

在角色塑造过程中，不仅要对自然动物进行充分的调研，观察它们的形态特征和运动特征，还要同时从传统折纸造型和运动可能性出发，对作品进行造型的推演。角色塑造的基本流程如图 3-1-1 所示。以大象的角色塑造为案例，在保证大象造型的灵活性和生动性的同时，还要考虑到折纸结构的可实现性，如图 3-1-2 所示。

图 3-1-1　角色塑造的基本流程

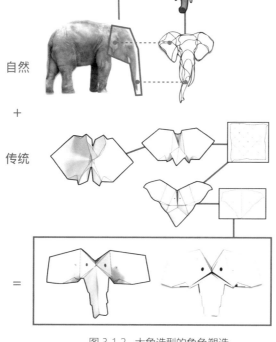

图 3-1-2　大象造型的角色塑造

3.2 运动节点分析

　　在完成对折纸造型的塑造后，笔者需要确定折纸结构的关键
节点和驱动部分，以实现机构的运动，基本流程如图 3-2-1 所示。
在这个流程中，笔者首先需要对能体现生物特征的运动元素进行
运动特征分析，再根据该运动特征，确定对应折纸造型上的关键
节点的位置，如图 3-2-2 所示。在确定核心驱动点后，对辅助驱
动部位进行驱动的连接，带动整个折纸灵活运动。

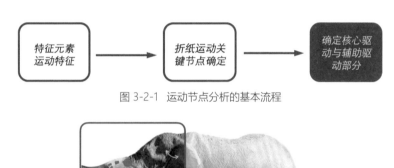

图 3-2-1　运动节点分析的基本流程

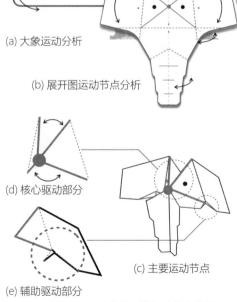

(a) 大象运动分析

(b) 展开图运动节点分析

(d) 核心驱动部分

(c) 主要运动节点

(e) 辅助驱动部分

图 3-2-2　大象造型的运动节点分析

3.3 折纸造型案例

3.3.1 蝙蝠的折纸造型

形态特征

蝙蝠的翼是在进化过程中由前肢演化而来的,由其修长的爪子之间相连的皮肤(翼膜)构成。蝙蝠颈短,胸及肩部宽大,胸肉发达,而髋及腿部细长。蝙蝠的胸肌十分发达,胸骨具有龙骨突起,锁骨也很发达,这些均与其特殊的运动方式有关。

运动特征

蝙蝠用波来判断前方是否有障碍物,以此来改变飞行道路。它非常善于飞行,但起飞时需要依靠滑翔,一旦跌落地面后就难以再飞起来。蝙蝠飞行时,需要把后腿向后伸,起着平衡的作用。

角色分析

蝙蝠的角色形象如图 3-3-1 所示。

图 3-3-1 蝙蝠的角色形象

纸型造型抽象

在这一阶段需要对折纸进行构型分析与角色塑造。在提取蝙蝠的形态特征和运动特征后，笔者将蝙蝠翅膀简化成一张可折叠的纸，中间的菱形为蝙蝠形态的核心运动结构，以此带动整张纸形的运动。

如图 3-3-2 所示，红色表示的四边形由蝙蝠身躯的主要结构简化而来，较短两条线表示蝙蝠用于挥动翅膀的主要骨骼，较长的两条线则是主要运动节点与翅膀支撑点之间的连线。

如图 3-3-3(a)~(c) 所示的这个过程分析的是翅膀完全平展的飞行状态。用白色的虚线表示翅膀的主要形状以及主要的骨骼结构，将蝙蝠翅膀看作是一个类似梯形的结构；主要的骨骼用两条虚线表示。

如图 3-3-3(d)~(f) 所示的这个过程分析的是翅膀扇动时的飞行状态。用白色的虚线表示翅膀的主要形状以及主要的骨骼结构。梯形的纸型在折叠之后，为了更好地展示蝙蝠翅膀的细节结构，将每边翅膀的骨骼简化成的两条虚线增加为六条，经过折叠之后可以更好地展示出翅膀的造型。

图 3-3-2　构型分析

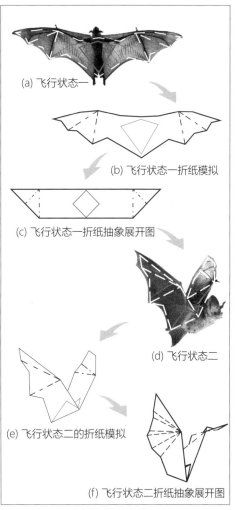

(a) 飞行状态一

(b) 飞行状态一折纸模拟

(c) 飞行状态一折纸抽象展开图

(d) 飞行状态二

(e) 飞行状态二的折纸模拟

(f) 飞行状态二折纸抽象展开图

图 3-3-3　抽象过程

运动节点分析

纸型的主要运动节点如图 3-3-4 所示。

图 3-3-4(a) 是蝙蝠的运动节点，图 3-3-4(b) 是折纸造型的展开图，在这部分用红色的点和绿色的点来区分两种不同运动方式的节点，用一块色块来代表主要的节点驱动部分。

图 3-3-4(c) 是折纸造型运动过程中发生形变之后某个状态的轴测图，用圆圈选出折纸造型的主要运动部分进行分析。

在翅膀主体造型的方面，通过对蝙蝠翅膀扇动轨迹的观察，选择了第二种运动方式，即使绿色两点之间的距离缩短，挤压纸型两边，使两边的翅膀靠拢。

图 3-3-4(d)~(e) 是提取出的节点驱动部分，运动轨迹如箭头所示，绿点左右移动的同时，红点也相应产生位移，带动翅膀扇动。

(a) 蝙蝠的运动节点

(b) 蝙蝠折纸造型展开图

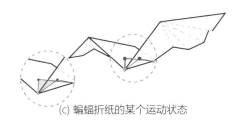

(c) 蝙蝠折纸的某个运动状态

(d) 节点驱动一

(e) 节点驱动二

图 3-3-4 运动节点分析

折纸展开图

经过折纸造型抽象和运动节点分析步骤，最终设计蝙蝠的电子折纸的展开图，如图 3-3-5 所示。图 3-3-6 展示了蝙蝠翅膀的折叠角度，最终呈现的效果如图 3-3-7 所示。

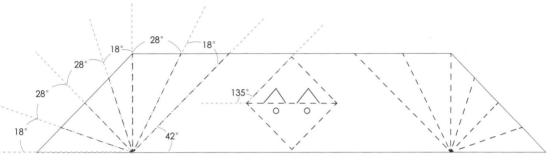

图 3-3-5 翅膀展开图

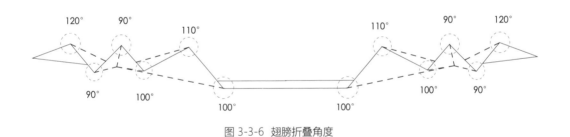

图 3-3-6 翅膀折叠角度

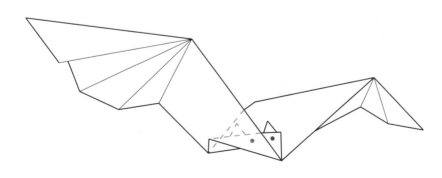

图 3-3-7 翅膀折叠效果图

3.3.2 龙虾的折纸造型

形态特征

　　龙虾拥有一对巨大的螯，头胸部较粗大，外壳坚硬，腹部短小，一般为20~40cm。龙虾身体呈粗圆筒状，背腹稍平扁，头胸甲发达，坚厚多棘，前缘中央有一对强大的眼上棘，具封闭的鳃室。腹部短而粗，后部向腹面卷曲，尾扇宽短。

运动特征

　　龙虾进食时，用两只大螯不停划动水将水面的漂浮藻类送入口。大螯开合用于夹碎食物；刺螯比较锋利，用于撕碎食物。龙虾生性好斗，受惊或遇敌时迅速向后，弹跳躲避。

角色分析

　　龙虾的角色形象如图 3-3-8 所示。

图 3-3-8　龙虾的角色形象

纸型造型抽象

　　机器人的造型根据小龙虾的身体结构特征提取而来。巨大的虾钳是小龙虾的主要特征。如图 3-3-9 所示，首先用简单的线条大致勾勒出龙虾的外形，再一步步地进行推演。

图 3-3-9　构型分析

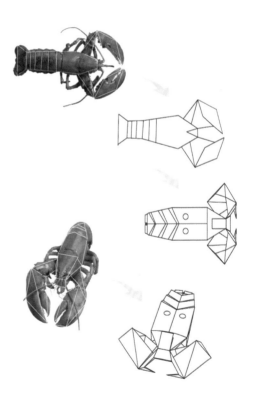

　　在进行造型提炼时，要准确抓住小龙虾的特点，比如虾钳和虾壳上的纹路，这些要素可以适当地"夸张化"，使其形象更加生动有趣。除此以外，还要抓住一些细节特征，比如突出的梯形虾头以及像剪刀一般的虾钳顶端，抽象过程如图 3-3-10 所示。

图 3-3-10　抽象过程

运动节点分析

小龙虾机器人的主要运动节点分布在梯形虾头的左右两侧，如图 3-3-11 所示，是两道峰折和一道谷折的交接点，通过纸的折叠，两块三角形中间的区域可以自由变换大小。也正是这个结构，可使运动的舵机自动带动小龙虾进行规律的运动，从而实现爬行运动。

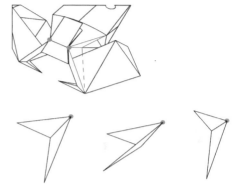

图 3-3-11 主要运动节点

除此以外，虾钳底端的两个蓝色标记点以及底部的两个标记点，如图 3-3-12 所示，是小龙虾的触地点，前两点的作用类似于人类的双脚，主要是为了小龙虾能够顺利向前爬行，而后两点是为了支撑虾的身体。

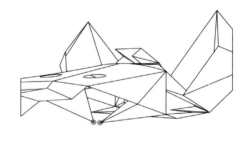

图 3-3-12 龙虾折纸的触地点

折纸展开图

经过折纸造型抽象和运动节点分析，龙虾电子折纸展开图如图 3-3-13 所示。

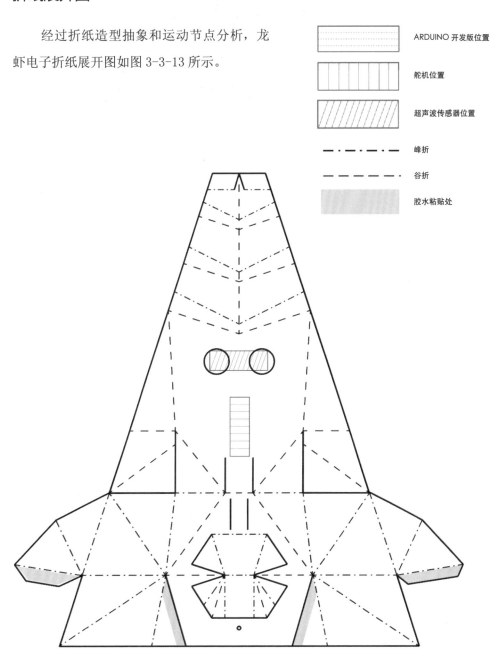

图 3-3-13 龙虾的折纸展开图

3.3.3 大象的折纸造型

形态特征

　　如图 3-3-14 所示，大象的主要外部特征为柔韧而肌肉发达的长鼻和扇大的耳朵，具缠卷的功能，是象自卫和取食的有力工具。象鼻非常灵活自如，可以捡拾重达 1 吨的物体，也可以捡拾花生那样小的食物。

运动特征

　　大象时常竖起长长的鼻子，在空中摆动，可嗅出几百米外的气味，从而判断是否有危险。它伸长鼻子，轻而易举地掠下树上的果子和枝叶，然后再卷回鼻子，送进嘴里；若是想吃地面上的草，连根拔起时，会在腿上拍打掉泥土再送到嘴里吃；它还能用鼻子嗅出是否有好吃的食物。

角色分析

　　大象的角色形象如图 3-3-14 所示。

图 3-3-14 大象的角色形象

纸型造型抽象

在塑造折纸大象机器人的过程中，笔者不仅学习了自然动物的形态和动作，还同时从传统折纸造型和运动可能性出发，对作品进行了造型的推演，如图3-3-15所示。

第一步是对大象的造型进行提炼。由于现实中大象的体型巨大，需要进行抽象和缩小，所以作者选择了大象最富有特征的头部，同时扩大脸部驱动的面

积，对特征感较弱的身体进行了艺术式的隐藏处理。

接下来，在头部重塑的过程中，作者又提炼出了大象富有特色的大耳朵和长鼻子，希望通过"鼻子＋耳朵"的特征来表达大象的形象。同时，作者通过对传统折纸造型的提炼，寻找实现折纸大象的方式——拉动头部的耳朵，以实现中间部分的开合。

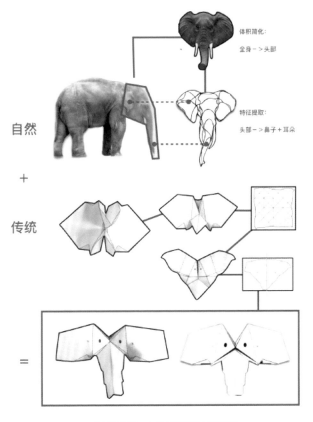

图 3-3-15 大象的造型抽象过程

运动节点分析

在完成对大象造型的抽象提取后，笔者用大象的特征元素：鼻子和耳朵进行运动节点分析，如图 3-3-16 所示。

首先是对于大象鼻子和耳朵的运动方式进行了分析，如图 3-3-16(a) 所示：鼻子上下摆动，耳朵内外扇动。

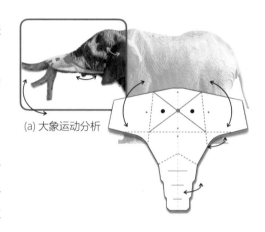

(a) 大象运动分析

(b) 展开图运动节点分析

为了缩减运动的驱动模块，达到鼻子和耳朵的同步运动，作者在确定了鼻子运动的核心驱动点后，对于鼻子到耳朵之间的部分进行了驱动的连接。

如图 3-3-16(b) 所示，红点的位置为定点，整体的面部动作绕该点进行。红色线条部分为主要的运动结构线，红色虚线部分为带动的运动结构线，黄色面积部分为驱动连接部分。

在主要运动节点中，核心驱动部分绕红色顶点，完成开合的运动，如图 3-3-16(d) 所示。在大象运动的过程中，核心部分的运动作为杠杆，带动耳朵和鼻子的扇动，如图 3-3-16(e) 所示。

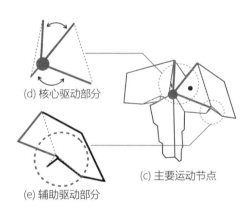

(d) 核心驱动部分

(e) 辅助驱动部分

(c) 主要运动节点

图 3-3-16 大象的运动节点分析

折纸展开图

经过折纸造型抽象和运动节点分析步骤,最终大象的电子折纸的展开图和折叠效果图如图 3-3-17 所示。

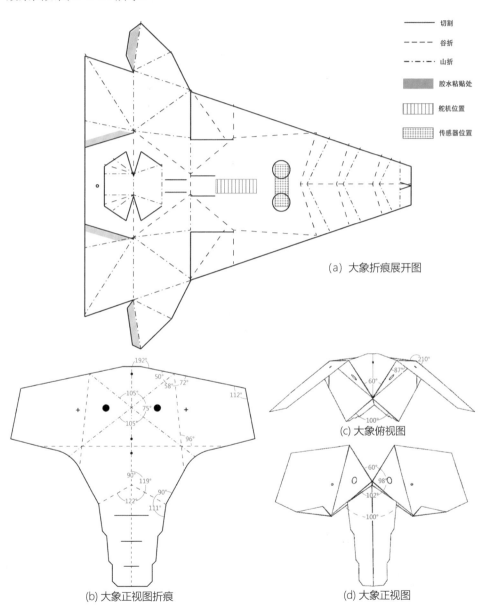

图 3-3-17 大象的折纸展开图和折叠效果图

3.3.4 孔雀的折纸造型

形态特征

　　孔雀头顶翠绿，羽冠蓝绿而呈尖形；尾上覆羽特别长，形成尾屏，鲜艳美丽。真正的尾羽很短，呈黑褐色。雌鸟无尾屏，羽色暗褐而多杂斑。

运动特征

　　求偶表演时，雄孔雀将尾屏下的尾部竖起，从而将尾屏竖起及向前，求偶表演达到高潮时，尾羽颤动，闪烁发光，并发出嘎嘎响声。

角色分析

　　孔雀的角色形象如图 3-3-18 所示。

图 3-3-18　孔雀的角色形象

纸型造型抽象

鸟类的形象在传统折纸的发展中一直占据着举足轻重的地位，其中孔雀作为一种很生动的鸟类常常被折纸发明家所青睐。折纸孔雀的折法更是不下十种。这个机器人的纸型在原有传统折纸上做了进化和装饰，抽象过程如图 3-3-19 所示。

如图 3-3-19(a)~(c) 所示，此过程分析的是从生态孔雀到传统折纸翅膀，再到机器人纸型的形态抽象。红色线表示出了孔雀尾部的大轮廓，机器人纸型在孔雀尾部增添了一些装饰使得尾部的形态更丰富。该部分的装饰利用了日本著名的三浦折叠，利用简单内折和外折创造出有规律的图案。

如图 3-3-19(d)~(f) 所示，此过程分析的是孔雀的收尾抽象。孔雀本身的收尾呈下垂状态，但是这样的形象不能很好地进行运动控制，因此取用了竖起的状态。但传统折纸并没有尾巴收拢的形态，得利用舵机实现孔雀尾巴的缩紧。红线表示尾部形状的抽象。

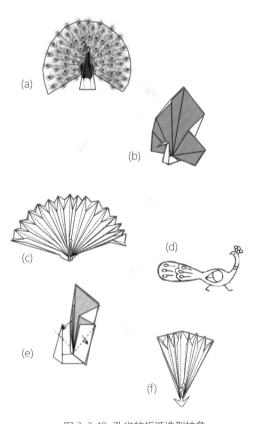

图 3-3-19 孔雀的折纸造型抽象

运动节点分析

思考：如何让尾巴合拢？

Q1：用线作用在两边的面上，一起带动往里收。

思考：如何让尾巴展开？

Q2：利用孔雀尾部两端的配重加上线的拉力减小至零，可以让尾巴展开。

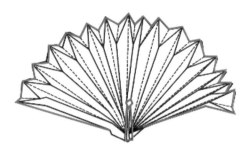

(a) 纸型的某个运动过程

纸型的主要运动节点如图 3-3-20 所示。如图 3-3-20(a) 展示了孔雀折纸的某个运动过程；图 3-3-20(b) 展示了折纸造型运动中的三个受力点，红色为中心受力，绿色则是受力面。滑轮也有受力，力的方向得到改变；图 3-3-20(c) 是折纸造型的展开图，其中绿色的是受力面的示意。

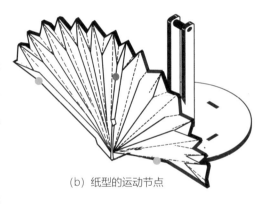

(b) 纸型的运动节点

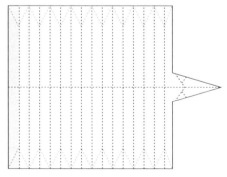

(c) 纸型展开图

图 3-3-20 运动节点分析

折纸展开图

经过折纸造型抽象和运动节点分析步骤，最终孔雀的电子折纸的展开图如图
3-3-21 所示。

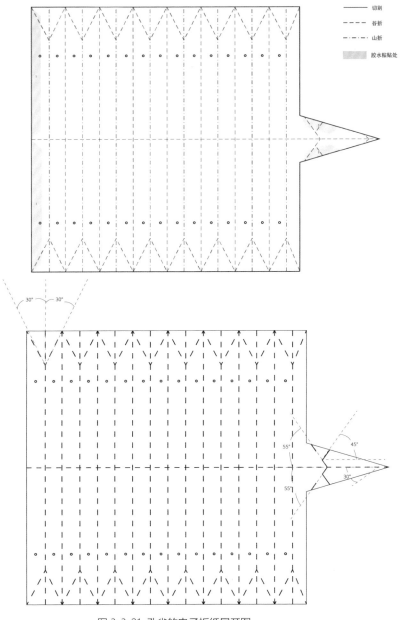

图 3-3-21 孔雀的电子折纸展开图

第 4 章

动作机构设计与交互实现

4.1 动作机构的设计流程

给一张纸赋予生命，需要各种动作机构来辅助产生。动作机构的设计流程如图 4-1-1 所示，在确定了折纸造型的运动节点后，笔者需要确定其运动的机械原理，再对其运动状态进行分析，进行动作设计与关键节点标定，最后安装舵机和所有零部件，确定机构的最终构成。

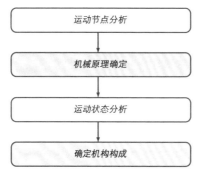

图 4-1-1 动作机构的设计流程

4.2 机械结构确定

将经典的运动机构运用到传统的纸型中，即使是最普通的纸张也能焕发活力。根据折纸造型角色的动作特点和运动节点，笔者可以在常见的机械结构中选择最合适的平面或者立体机构来辅助折纸动作产生。

按组成的各构件间相对运动的不同，机构可分为平面机构（如平面连杆机构、圆柱齿轮机构等）和空间机构（如空间连杆机构、蜗轮蜗杆机构等）；按结构特征可分为连杆机构、齿轮机构、斜面机构、棘轮机构等；按运动副类别可分为低副机构（如连杆机构等）和高副机构（如凸轮机构等）。

按照结构特征分类，在电子折纸中最常运用的机构有连杆机构、齿轮机构，以及连杆机构与齿轮机构的结合。

连杆机构

连杆机构是指由若干相对运动的构件用低副联接组成的传动机构。其中应用最广泛的是四个构件组成的平面四杆机构形式。

在图 4-2-1 中，除 A 点外其余节点均会随着机构的运动而发生位置的变化，从而带动头部机械爪的运动。

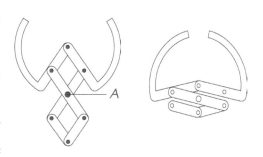

图 4-2-1 连杆机构

齿轮机构

齿轮机构是一种高副机构，利用齿轮的啮合来传动，具有传动效率高、传动比准确、使用寿命长、安全可靠等特点。

圆形齿轮机构又可以分为平面齿轮机构和空间齿轮机构两类。平面齿轮机构的简单传动如图 4-2-2 所示。

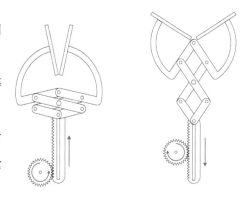

图 4-2-2 齿轮机构

连杆机构和齿轮机构的结合

在电子折纸设计中，更常见的是将结合连杆机构和齿轮机构结合起来一起运用。结合舵机和电机的转动，辅以连杆的传动，可以表达出更丰富的电子折纸动作效果，如图 4-2-3 所示。

图 4-2-3 连杆机构和齿轮机构的结合

4.3 运动状态分析

电子折纸的动作设计

在分析电子折纸的运动状态前，笔者需要为电子折纸进行动作设计。电子折纸动作设计是对生物形态姿势、体态变化、肢体动作、事件行为等活动状态的模仿与创作，用于塑造生动的角色形象，描绘故事，制造场景感，传递有趣的信息、概念，表达一定的知识和逻辑，建立友好的人机交互。它拥有五种动作类型，分别是体态姿势、生理现象、情绪表达、肢体动作和事件行为。它们之间的关系如图 4-3-1 所示。

动作设计的核心是抽象、提炼和简化动作。电子折纸的动作设计应当从真实参照物的运动规律中抽象提取，再简化动作概念的过程表达，增加不同概念之间的动作差异。除此之外，还可以行为假借，将电子折纸的运动拟人、拟物化，甚至可以跨角色扮演，增添更丰富的情绪语言和肢体动作。

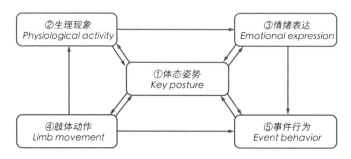

图 4-3-1 电子折纸的五种动作类型

体态姿势是具有独立内涵的动作状态表达，同时是连续动作环节中的关键性标定。肢体屈伸形成的各种动作状态，有助于扩展动作表达，创造角色整体观感。在进行运动状态分析时，笔者需要为电子折纸确定关键的状态标定及状态变化的动作序列设计。

需要进行电子折纸状态标定的关键位置如下：

· 能够改变折纸形态轮廓或重心的对比参照位置；

· 小区间动作中的高频状态，以起止或中值位标定，例如震颤；

· 连续运动中的方向拐点或时间骤变点的状态标定，一般为动作曲
  线中的峰值点位。

动作设计提示

· 抽象、提炼、简化动作。可以将自由度降维后的运动形式抽象，
  例如大开合模拟翅膀肱骨运动，震颤模拟翅尖变化；提取真实参
  照物的运动规律，从中找出折纸机器人的运动方案；简化动作概
  念的过程表达，增加不同概念之间的动作差异。

· 招牌动作设计，例如名人名宠招牌动作。

· 假借肢体语言，例如尾羽单边甩→借用翅膀肢体动作。

· 行为假借，例如孔雀尾羽左右轻摆模仿踱步。

· 拟人、拟物、跨角色扮演，甚至多重性格，例如海草舞。

· 怪相、病态、瑜伽难度凹造型，任何不协调的动作等。

· 动作夸张，使动作变化更为明显。

· 节奏感/韵律的变化。

· 运用透视规律，利用空间、方位线索拟合制造靠近、离开、左顾
  右盼等。例如，远处大鹏煽动翅膀的幅度看起来很小，靠近能卷
  起狂风。

· 塑造时间张力，例如快慢对比、紧张与松弛对比、飞船靠近、行
  星撞地球。

· 起调/转节/收结的逻辑设计，起跑、拳击。

4.4 折纸动作案例

4.4.1 猫头鹰的动作机构

运动节点分析

　　鸟类飞行的时候两侧各有两个运动节点，如图 4-4-1 所示。这两个运动节点中，躯干和身体的节点发生了最大幅度的摆动，这使得鸟类的运动充满张力。

　　在翅膀的动作发生逻辑中，翅膀的挥动有不同的幅度，不同的幅度象征着猫头鹰应对不同场景的反应。因此，在动态的提取上，展翅的幅度、速度、停留时间这些要素都能转化为参数，相互组合也能够表达多种情绪语言。

图 4-4-1 鸟类飞行运动节点

机械原理

针对猫头鹰的动作特点和运动节点，可以很自然地想到常用的齿轮传动机构。图 4-4-2 展示了翅膀开合的对称运动，该运动能用两个等大齿轮的转动带动两侧大臂的摆动来实现。

通过反复做实验和测算，让齿轮在起始位置与翅膀完全展开状态对应，齿轮旋转 180°后与翅膀完全闭合状态对应。

通过控制舵机可让翅膀扇动的过程充满韵律感和节奏感。结合参数控制，还能实现猫头鹰多种行为的表达。

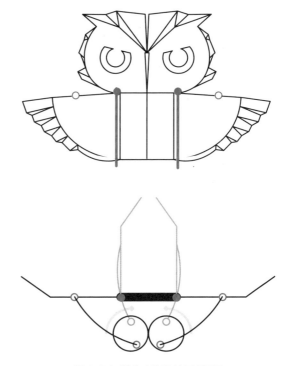

图 4-4-2 猫头鹰的机械原理图示

折纸展开图分析（如图4-4-3）

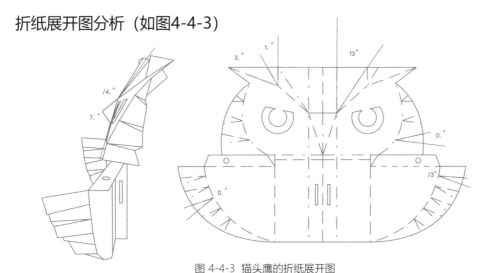

图 4-4-3 猫头鹰的折纸展开图

运动状态分析（如图4-4-4与图4-4-5）

位置A 舵机初始位置为0°　　　　　　　　　　　位置B 舵机角度为60°

位置C 舵机角度为120°　　　　　　　　　　　位置D 舵机角度为180°

图 4-4-4　不同舵机角度下猫头鹰的状态

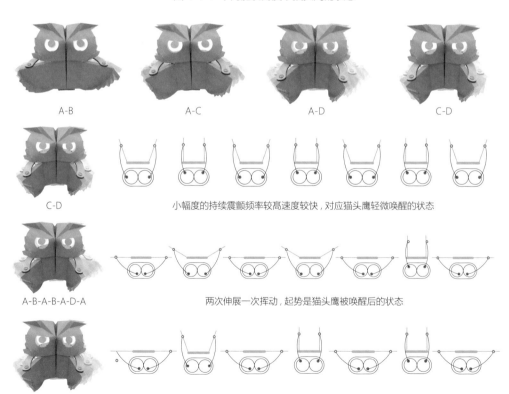

A-B　　　　　A-C　　　　　A-D　　　　　C-D

C-D　　　　小幅度的持续震颤频率较高速度较快，对应猫头鹰轻微唤醒的状态

A-B-A-B-A-D-A　　　两次伸展一次挥动，起势是猫头鹰被唤醒后的状态

A-C-A-D-A-D-A　　　不同程度的大幅度挥动组合成自然的飞行动作，表示猫头鹰的飞翔状态

图 4-4-5　猫头鹰的运动状态分析

机构构成（如图4-4-6）

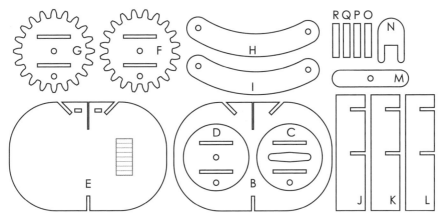

图 4-4-6 猫头鹰的机构构成

为了保证齿轮转动时位置的准确性，在齿轮下方添加了定位轮，并采用插接的方式固定两者，以确定两者圆心完全重合。右侧定位轮留出了一字形舵盘的位置，从而可节省舵机转轴对准齿轮中心的时间。三个支架增加了机械结构的稳定性，也保证了齿轮在水平方向上平稳转动。该运动机构的2.5mm木板切割图如图4-4-7所示。

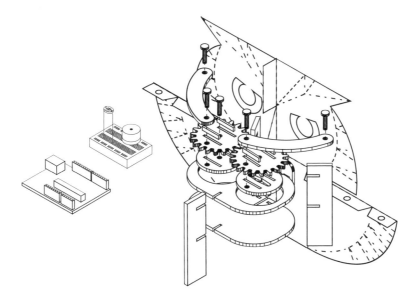

图 4-4-7 猫头鹰机构的木板切割图示

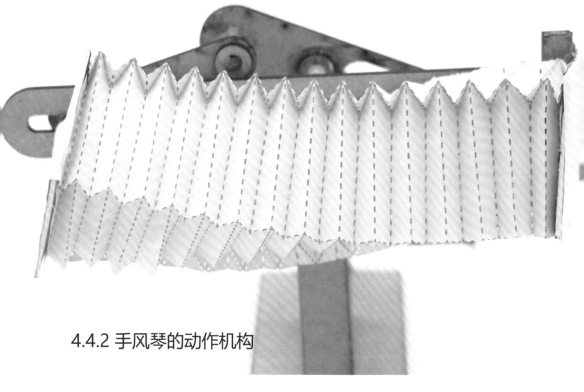

4.4.2 手风琴的动作机构

运动节点分析

　　手风琴皮风箱的运动节点如图 4-4-8 所示。在手风琴演奏过程中，皮风箱通过伸展收缩产生强大的气流，促使小簧框上的簧片震颤发声，演奏出优美的旋律。

　　这部分的运动充满变化且极富美感，为了充分展现出结构中蕴含的变化，在设计图纸时，将整个结构设计为正方形侧边，而不是一般手风琴中皮风箱的长方形侧边，这样的好处在于可以为其设计略带旋转的伸展收缩运动，使得折纸部分的变化更为丰富有趣。

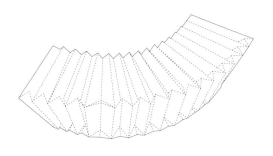

图 4-4-8 手风琴的运动节点

机械原理

为了实现手风琴的皮风箱部分的直线运动，根据手风琴的动作特点和运动节点，笔者可以采用连杆机构，利用舵机的旋转带动手琴身部位的直线收缩（如图 4-4-9 所示）。

结合舵机控制，可以让琴身的运动富有韵律和美感。结合参数和程序控制，还能实现手风琴多种动作的组合，更加丰富有趣。

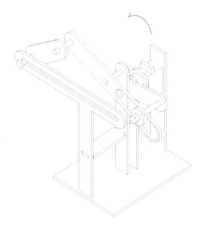

图 4-4-9 手风琴的机械原理

折纸展开图分析

考虑到机械结构行程上的距离，竖向进行了三十二等分，峰线、谷线、切割线如图 4-4-10 所示。在运用激光切割机切割图纸后，根据折痕，能够很轻松地将折纸部分制作出来。

———— 切割线
- - - - - 峰线
·········· 谷线

图 4-4-10 手风琴的平面展开图

运动状态分析

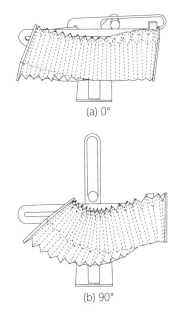

(a) 0°

(b) 90°

图 4-4-11 手风琴机构的运动状态

接上电源时产品的初始状态如图 4-4-11(a) 所示，此时机械结构部分处于初始位置 0°，折纸部分被拉伸为最大形变。

舵机带动机械结构旋转了 90° 的状态如图 4-4-11(b) 所示，此时折纸部分上部进行大幅收缩，下部进行小幅收缩，整体呈现较大形变。

不同角度下手风琴机构的状态如图 4-4-12 所示。

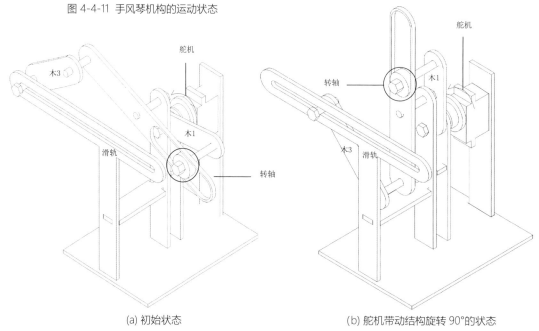

(a) 初始状态

(b) 舵机带动结构旋转 90°的状态

图 4-4-12 不同角度下手风琴机构的状态

机构构成

零件的平面切割图如图 4-4-13 所示，装配图如图 4-4-14 所示。其中需要用到与折纸部分侧边等大的 2mm 纸板进行固定折纸部分；此外，需要注意螺丝固定中要保持木头配件之间开孔的水平对齐，螺丝与木头配件之间固定需要稳定，否则会存在机构无法正常运动的风险。

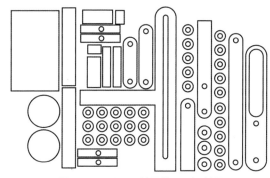

图 4-4-13 手风琴的零件平面切割图

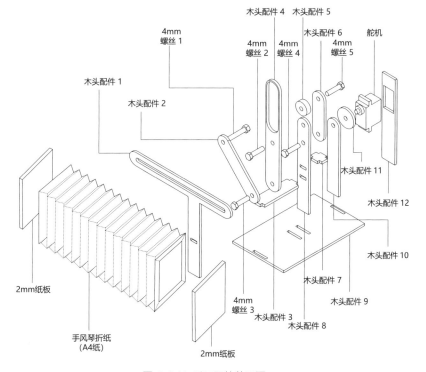

图 4-4-14 手风琴的装配图

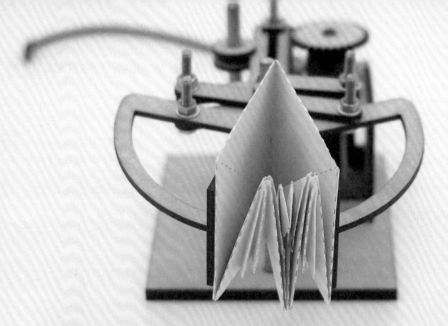

4.4.3 立体卡片的动作机构

运动节点分析

　　可替换立体卡片的电子折纸通过开合来实现从平面到立体形态的变化，融合了机械和艺术的美感。

　　立体卡片机械结构的主要节点如图4-4-15所示，其中标注的 A 点为固定节点。除了 A 点经过固定在运动时无法发生移动外，其余节点均会随着机构的运动而发生位置的变化。

　　折纸部分的运动节点已经在图中用绿色标出，其中 C 点为折纸开合运动中的中轴线，卡片的左右两部分根据安装的立体卡片不同，其牵引点也会发生变化。

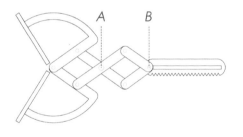

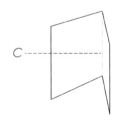

图 4-4-15 立体卡片的运动节点

机械原理

机械运动的开合可以通过许多方式来实现，可以直接通过旋转的开合，也可以通过直线运动转化为开合运动等方式来实现。

在电子折纸运动过程中，为了使运动效果能更加完美地呈现，并尽量减少驱动机构的复杂性，最终选择可以将直线运动转化为开合运动的平行四边形连杆机构。它能将驱动机构简化成一个，同样可以保证比较好的运动效果。立体卡片的机械原理如图 4-4-16 所示。

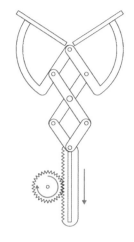

图 4-4-16 立体卡片的机械原理

折纸展开图分析（如图4-4-17）

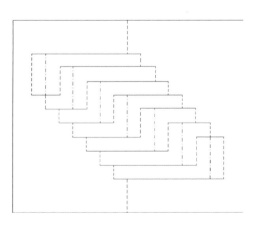

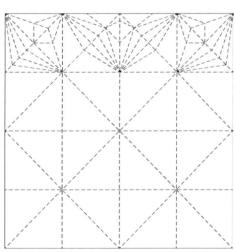

图 4-4-17 立体卡片的展开图

运动状态分析

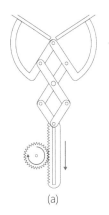

(a)

图 4-4-18(a) 为机械结构张开后的状态，此时舵机顺时针旋转并带动齿条向后进行水平竖直方向运动，带动前方的平行四边形连杆结构向后拉伸。此时平行四边形连杆结构前端的钟形曲柄受到向后的拉力向外张开，实现机械结构的打开。

(b)

图 4-4-18(b) 为机械结构关闭后的状态，此时舵机逆时针旋转并带动齿条向前进行水平竖直方向运动，带动前方的平行四边形连杆结构向前收缩。此时平行四边形连杆结构前端的钟形曲柄受到向前的推力向内合并，实现机械结构的关合。

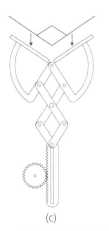

(c)

图 4-4-18 立体卡片运动状态分析

图 4-4-18(c) 为机械结构更换立体卡片时的状态，此时舵机顺时针旋转并带动齿条向后进行水平竖直方向运动，带动前方的平行四边形连杆结构向后拉伸。此时平行四边形连杆结构前端的钟形曲柄受到向后的拉力向外张开后。完成运动后机构停顿，此时便可以将立体卡片利用魔术贴黏合在立体卡片固定装置上。

机构构成

为了保证结构运动的稳定性，在齿条中间进行开槽，使支撑棒能够穿入，从而进行限位。其次在平行四边形结构尾部使用了更长的 m4 螺丝，从而可以将其插入下方的限位轨道，起到双重限位的作用。最后为了改善舵机齿轮在驱动机构运动时使整个结构出现偏转的情况。在齿条右方设置了一个限位轮机构，从而保证机构在运动时不会发生偏移。立体卡片的平面切割图如图 4-4-19 所示，机构构成如图 4-4-20 所示。

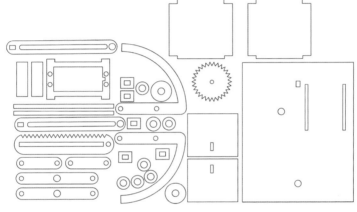

图 4-4-19 立体卡片的平面切割图

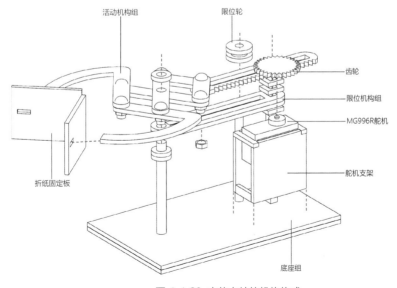

图 4-4-20 立体卡片的机构构成

4.4.4 机械蜥蜴的动作机构

运动节点分析

　　"机械蜥蜴"的造型与运动方式设计灵感来自于一种名为"守宫"的爬行动物。从图 4-4-21 中可以看出,守宫爬行时四肢主要呈现出 (a) 与 (b) 两种状态,其最大的特点是一侧的两条腿总是方向相对。

　　固定在偏心齿轮上的后足在直流电机的带动下围绕偏心齿轮的圆心做旋转运动,因为上下的高度差模拟出守宫的运动状态向前爬行。

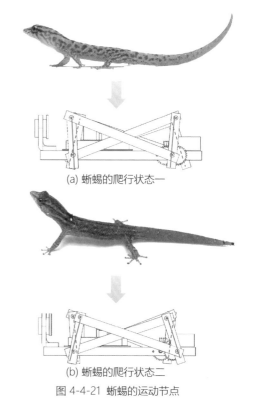

(a) 蜥蜴的爬行状态一

(b) 蜥蜴的爬行状态二

图 4-4-21 蜥蜴的运动节点

机械原理

根据机械蜥蜴的运动特点和运动节点特征，笔者采用连杆机构的结合来实现机械蜥蜴的前进和后退运动。

图 4-4-22 中节点 A1 代表初始状态时偏心齿轮与后足连接点的位置，节点 A2 代表一个运动周期后偏心齿轮与后足连接点的位置。此时，前足在连杆结构的带动下向前位移，完成前进动作。

直流电机带动螺纹齿轮转动，带动两侧长齿轮转动。同时，长齿轮与偏心齿轮接触，从而实现由直流电机带动偏心齿轮转动，完成机械结构向前运动的过程。当直流电机反转时即可实现机械结构向后运动的过程。

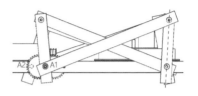

(a) 蜥蜴的运动状态一

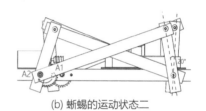

(b) 蜥蜴的运动状态二

图 4-4-22 蜥蜴的机械原理

折纸展开图分析（如图4-4-23）

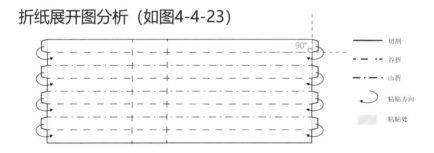

——	切割
-----	谷折
—·—·—	山折
↶	粘贴方向
▨	粘贴处

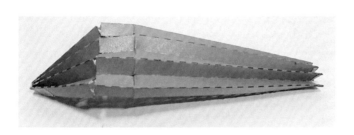

图 4-4-23 蜥蜴的折纸展开图

运动状态分析

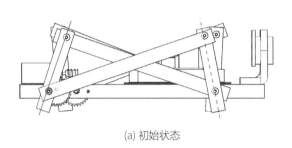

(a) 初始状态

初始状态下，偏心齿轮与后足的固定点为 A1，如图 4-4-24(a) 所示。机械结构右侧呈向两侧伸展的状态。

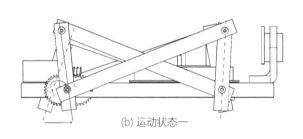

(b) 运动状态一

直流电机转动带动偏心齿轮顺时针转动 180°，由 A1 点移动至 A2 点，如图 4-4-24(b) 所示。后足向前移动一段距离，带动机械结构整体前进。

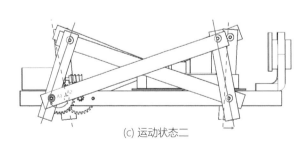

(c) 运动状态二

图 4-4-24 蜥蜴的运动状态分析

如图 4-4-24(c) 所示，直流电机转动带动偏心齿轮顺时针继续转动 180°，由 A2 点移动至 A3 点（与 A1 点重合）。此时，机械结构左侧实现如图 4-4-24(b) 所示状态的运动方式，带动机械结构整体前进。

机构构成

驱动机械蜥蜴的运动的连杆机构平面切割图如图 4-4-25 所示。

两侧脚架需保持平衡,可以使用刻度尺测量距离进行调整。轴套需要与木片紧密契合。直流电机用透明胶带固定,超声波传感器支架底部可用双面胶与主体固定。折纸外壳前端可用少许双面胶与传感器在弯曲处黏合固定,具体零件的装配图如图 4-4-26 所示。

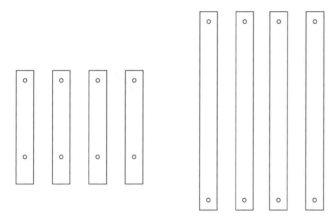

图 4-4-25 连杆机构的平面切割图

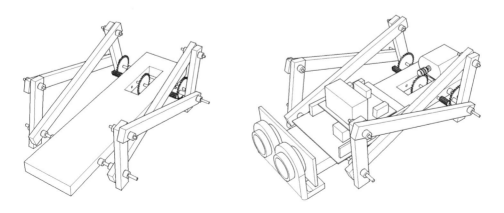

图 4-4-26 蜥蜴的零件装配图

4.5 交互设计的实现

电子折纸交互设计项目从可运动的折纸结构入手，利用折纸结构本身可运动的特点配合机械运动控制来实现电子折纸的运动。要实现具有交互能力的电子折纸，需要借助传感器与执行器来感知交互信号与实现运动反馈。本项目现阶段使用 Arduino 入门套件作为交互设计的实现工具，预期在后续的项目推进过程中将开发一套更加适合于电子折纸特性的交互设计辅助工具。

在用户与电子折纸的互动过程中，用户将自身行为作为输出信号，输出的形式包括声音、触摸、人体温度等。用户通过视觉、听觉、触觉等感官知觉获取输入信号。

电子折纸通过传感器捕获信号进行输入，通过运动效果进行输出。传感器接收信号输入后将数据传输给处理器进行处理，处理器对不同情况调用不同程序，控制动力装置作出不同响应，在动力装置的驱动下，折纸结构以及机械结构能相互配合，实现运动输出。

交互设计的作用如图 4-5-1 所示，电子折纸交互设计旨在构建与用户交互的逻辑执行系统，使机器人行为达成用户理解下有意义的信息传达，提升用户交互意愿，在交互过程中塑造角色个性，产生场景感、脚本故事，让用户获得情境感的沉浸式体验。

创意交互型折纸集合设计方法、机械原理、编程技术、折叠技巧等知识和技能，全方面地锻炼学生从设计到制作、从具象到抽象的创造能力。

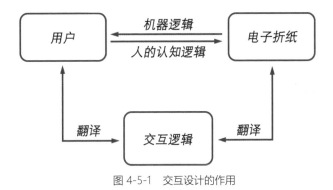

图 4-5-1 交互设计的作用

4.6 电子元件准备

电子折纸采用 Arduino 套件进行运动控制,为了让电子折纸具有可交互性,操作者可以通过改变与机器人间的距离、改变控制卡片的颜色或改变声音强度来与机器人交互。对不同的信号输入处理器,会调用不同的输出程序。

信号输入传感器

传感器的选择是对折纸机器人感知外部世界途径的确定,外部世界变化将通过有限的传感通道进行信息识别,符合激发条件,折纸机器人执行反馈行为。常用信号输入传感器见表 4-6-1。

信号输出执行元件

结合动作表达诉求及机构轨迹运动特点,对动力输出主体电机、舵机等进行控制程序设计。当 Arduino 接收到传感器感知的环境信号后,信号输出执行元件立即作出反馈,通过程序控制来执行设计好的程序。以自然交互为目标,进行触发条件及响应方式设计,使纸偶向智能机器人进化。常用信号输出执行元件见表 4-6-2。

表 4-6-1 常用信号输入传感器

序号	名称	简介	应用
1	超声波测距传感器	采用超声波回波测距原理，运用精确的时差测量技术，检测传感器与目标物之间的距离	可用于机器人自动避障行走，汽车倒车报警器、门铃、警戒报警器、地铁安全线提示等
2	红外数字避障传感器	传感器背后有一个电位器可以调节障碍的检测距离，一旦调节好电位器则在有效距离内，输出低电平给单片机识别	可用于生产线货物自动计数设备、多功能提醒器、走迷宫机器人、厨房自动化系统、安防防盗系统等
3	模拟环境光线传感器	基于 PT550 环保型光敏二极管的光线传感器，可以用来对环境光线的强度进行检测	通常用来制作随光线强度变化产生特殊效果的互动作品
4	人体热释电红外传感器	热释电红外传感器是一种能检测人或动物身体发射的红外线而输出电信号的传感器，输出开关信号	通过检测人体辐射，可以应用于各种需要检测运动人体的场合
5	线性温度传感器	基于LM35半导体的温度传感器，可以用来对环境温度进行定性的检测。其测温范围是-40℃到150℃	LM35线性温度传感器与Arduino专用传感器扩展板结合使用，可以非常容易地实现与环境温度感知相关的互动效果
6	数字震动传感器	该数字震动传感器可以感知环境里的震动，用一个振动开关，通过振动来通断电路，产生数字信号	通过振动来计算脚步，可用于制作计步器；也可以用于交通工具碰撞振动触发信号灯，变成振动报警灯等

表 4-6-2 常用信号输出执行元件

序号	名称	简介	应用
1	 舵机	舵机是一种位置（角度）伺服的驱动器，适用于那些需要角度不断变化并可以保持的控制系统	运用舵机可以轻松实现曲柄连杆的机构运动，带动电子折纸执行各种动作
2	 N20 微型直流减速电机	N20 微型直流减速电机可以实现持续的旋转运动，可以带动小轮的运动。N20 微型直流减速电机体积小，应用场景更灵活	运用减速电机可以带动电子折纸进行前进或后退运动运动，可以利用电机的正转和反转来执行不同的运动效果
3	 RGB LED 模块	通过绿（G）、红（R）、蓝（B）三种基色组合，可以调制出各种丰富的颜色	运用 RGB LED 模块可以实现跑马灯、闪烁、彩虹变换等效果。运用在电子折纸中，可以运用光效来丰富折纸造型的情感表达

4.7 折纸交互案例

4.7.1 小龙虾的交互设计

装配所需

电子元件

· SG90 9g舵机×1

· Arduino UNO开发板×1

· 超声波传感器×1

· 电源线×1

· 排线若干

折纸零件

· A3卡纸×1

· 直径1.4mm的螺丝钉×1

· 40mm木头摇臂×1

模型工具

· 剪刀×1

· 胶枪及胶棒×1

· 泡沫胶×1

组装方式说明（如图4-7-1）

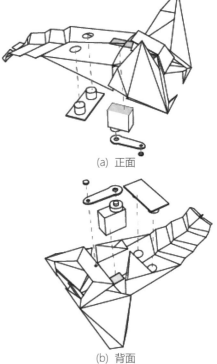

(a) 正面

(b) 背面

图 4-7-1　小龙虾的组装方式

交互场景图

与小龙虾的四种交互模式如图4-7-2所示。

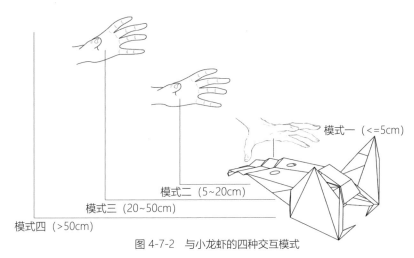

图 4-7-2 与小龙虾的四种交互模式

模式一（<=5cm）

当超声波传感器检测障碍物距离小于5cm时，小龙虾会直接开启小碎步逃生模式：此时小龙虾会首先大幅中速运动（120°）5次，然后快速小幅度（90°）向前冲刺20步，逃离外界危险后漫漫减速直至停止。

模式二（5~20cm）

在这段距离内小龙虾的步伐是所有模式中最大的，达到170°。但此时的小龙虾不会自动前进，需要你不断地在5~20cm的范围内刺激它才会向前运动。一旦传感器没有接收到感应，运动就会停止。

模式三（20~50cm）

此时的小龙虾接触到感应，只会小幅（70°）运动一下，当接触到的感应超过6次，表明外界存在不断的骚扰，所以小龙虾会自动开启前进模式，但速度较慢，属低速触发模式。

模式四（>50cm）

当障碍物的距离大于50cm时，不存在威胁，小龙虾懒得动弹并保持静止。

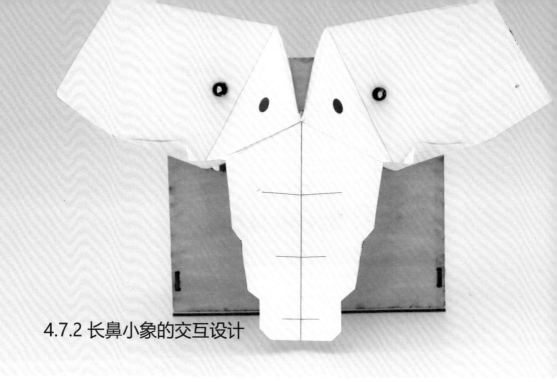

4.7.2 长鼻小象的交互设计

装配所需

电子元件

- SG90 9g 舵机×1
- Arduino UNO 开发板×1
- 电子墨水×1
- 面包板×1
- 排线若干（公对公×9）
- 金属膜电阻×2
- 电源线×1

折纸零件

- A3白纸（200g）×1
- 棉签×2
- A3×2mm木板×1
- 螺丝×2
- 150mm细线×1

组装方式说明（如图4-7-3）

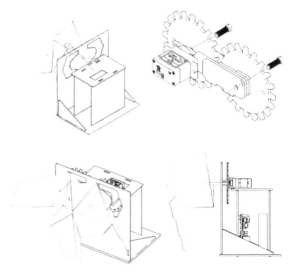

图 4-7-3 长鼻小象的组装方式

交互场景图（如图4-7-4）

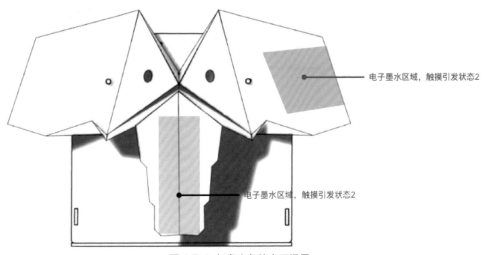

电子墨水区域，触摸引发状态2

电子墨水区域，触摸引发状态2

图 4-7-4 长鼻小象的交互场景

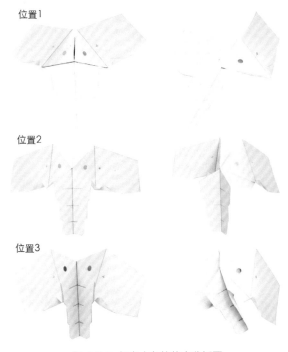

位置1

位置2

位置3

图 4-7-5 长鼻小象的状态分析图

状态一

在没有外部影响的情况下，大象在位置2~位置3之间小幅度摆动耳朵和鼻子。

状态二

当有手触摸大象的鼻子时，大象就会开心地与对方互动——在位置1~位置3之间大幅度快速摆动耳朵和鼻子。

状态三

当手触摸大象的耳朵时，大象会突然安静地停下来，在位置3作卖萌状。

4.7.3 孔雀的交互设计

装配所需

电子元件

· MG996R 180度舵机×1

· Arduino UNO开发板×1

· 震动传感器×1

· 面包板×1

· 排线若干（公对公×9 公对母×4）

· 电源线×1

· 红色LDE小灯×2

折纸零件

· A3打印纸(70g)×1（附增重贴片）

· 55mm×68mm矩形木片×2

· 60mm×68mm矩形木片×2

· 100mm×100mm圆形木片×2

· 130mm×10mm木条×2（附钢管×1）

· 木质锥形转轴×1（附固定片×2）

· 300mm细线×1

组装方式说明 （如图4-7-6）

图 4-7-6 孔雀的组装方式

交互场景图（如图4-7-7）

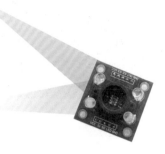

图 4-7-7 孔雀的交互场景

(a) 红色卡片

(b) 蓝色卡片

(c) 绿色卡片

图 4-7-8 孔雀的状态分析图

孔雀的状态分析如图4-7-8所示。

红色卡片

雄孔雀看到好看的女生会从翅膀闭合到展开，两次完全伸展从0°~180°，后进行小幅度的颤动，角度维持在160°~180°。这种方式表达出孔雀一种喜悦的心情。

蓝色卡片

雄孔雀看到丑的男生后翅膀微微抬起，微微抬起的角度保持在140°~180°。表示不理不睬，一种鄙夷的心情。

绿色卡片

雄孔雀看到女装大佬或小丑时非常惊讶，先完全展开翅膀0°~180°，最后停留在45°左右的位置进行反复震颤，表示惊讶、示威状。

4.7.4 小蛇的交互设计

装配所需

电子元件

- 28BYJ-48-5V 步进电机×1
- Arduino nano V3.0 改进板×1
- 电机驱动板×1
- 1M欧电阻×1
- 两头带夹子的杜邦线×1
- 排线若干（母对母×8）

折纸零件

- A3黑色卡纸（180g）×3
- 直径36mm的硬卡圆片×3
- 直径30mm的硬卡圆片×4
- 3.6mm×5mm的矩形硬卡片×1
- 150mm细线×1
- 一毛硬币×1

组装方式说明（见图4-7-9所示）

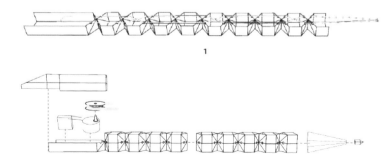

图 4-7-9 小蛇的组装方式

交互场景图（见图4-7-10）

图 4-7-10 小蛇的交互场景

小幅度弯曲

(a) 小幅度弯曲

　　如图4-7-11（a）所示，这是条惊蛰即将苏醒的小蛇，当它感应到外界环境给予的"唤醒信号"时就会轻微扭动身体，像是人从微鼾中醒来在伸懒腰。随着信号变强，小蛇从冬眠到完全苏醒，准备外出寻找食物。

大幅度弯曲

(b) 大幅度弯曲

图 4-7-11 小蛇的状态分析图

　　如图4-7-11（b）所示，由于肌体能量的恢复需要时间，小蛇出洞的爬行速度也是有一个由慢到快的适应过程。多次小幅度弯曲爬行之后，电机带动的转轴加大旋转角度，蛇脊椎的弯曲程度变大，爬行速度更快，此时冬眠惊蛰的蛇完成了苏醒的全过程。

第 5 章

电子折纸综合案例

5.1 胆小的蝙蝠

设计说明

　　蝙蝠电子折纸的主体是由蝙蝠翅膀形状简化而成的一张纸，纸型的运动由纸型中间的菱形结构带动。利用一个舵机拉动连接蝙蝠头部的垫片，使其与作为定点的蝙蝠尾部之间的距离发生变化，在这种挤压之下，蝙蝠翅膀随着垫片运动，就实现了蝙蝠扇动翅膀的全过程。在交互方面，通过光敏传感器检测出三种不同强度的光源，蝙蝠能根据光的强弱，作出三种不同状态的反馈。

纸型造型抽象

　　蝙蝠的纸型造型由蝙蝠翅膀简化而来。这里主要参考蝙蝠飞行过程中的两种状态：一是翅膀完全平展的飞行状态；二是翅膀扇动时的飞行状态。

　　图 5-1-1(a)~(c) 分析的是翅膀完全平展的飞行状态。白色虚线表示翅膀的主要形状以及主要的骨骼结构。本书将蝙蝠翅膀看作一个类似梯形的结构。

　　图 5-1-1(d)~(f) 分析的是翅膀扇动时的飞行状态。白色虚线表示翅膀的主要形状以及主要的骨骼结构。梯形的纸型进行折叠之后，为了更好地展示蝙蝠翅膀的细节结构，将每边翅膀的骨骼虚线增加为六条，经过折叠之后可以更好地体现出翅膀的造型。

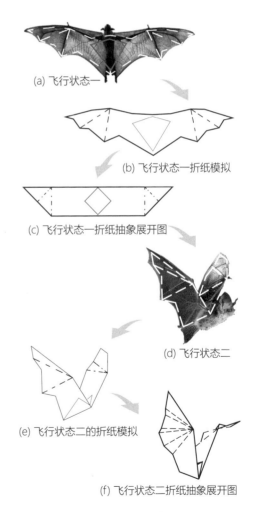

(a) 飞行状态一

(b) 飞行状态一折纸模拟

(c) 飞行状态一折纸抽象展开图

(d) 飞行状态二

(e) 飞行状态二的折纸模拟

(f) 飞行状态二折纸抽象展开图

图 5-1-1 造型抽象过程

运动节点分析

蝙蝠折纸运动节点分析如图 5-1-2 所示。

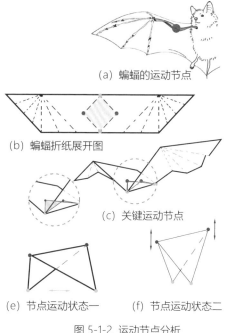

（a）蝙蝠的运动节点

图 5-1-2（b）是蝙蝠折纸的展开图，在这部分用红色的点和绿色的点来区分两种不同运动方式的节点。

（b）蝙蝠折纸展开图

在翅膀主体造型方面，通过对蝙蝠翅膀扇动轨迹的观察，采取了通过缩短绿色两点之间的距离、挤压纸型两边的方式，使两边的翅膀靠拢。如图 5-1-2（d）&（e）所示，箭头代表运动轨迹，绿点开合移动的同时，红点也相应产生位移，进而带动翅膀扇动。

（c）关键运动节点

（e）节点运动状态一　　（f）节点运动状态二

图 5-1-2 运动节点分析

折纸展开图分析

蝙蝠的翅膀展开图如图 5-1-3 所示，翅膀的关键节点折叠角度如图 5-1-4 所示。

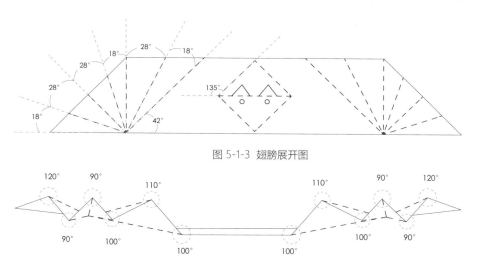

图 5-1-3 翅膀展开图

图 5-1-4 翅膀折叠角度

运动状态分析

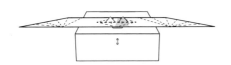

图 5-1-5 初始状态

如图 5-1-5 所示，初始状态是蝙蝠折纸在自然状态下的原始形态，此时折纸的翅膀基本保持平展状态。因为未受到光照的刺激，舵机无任何运动，此时翅膀与水平面基本持平。

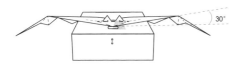

图 5-1-6 运动状态一

如图 5-1-6 所示，在运动状态一中，蝙蝠折纸的翅膀扇动角度区间为 0~30°，翅膀扇动幅度小。此时舵机旋转的角度较小，翅膀扇动频率较高，但运动轨迹变化较弱。

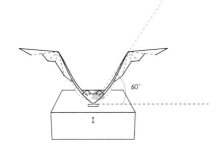

图 5-1-7 运动状态二

如图 5-1-7 所示，在运动状态二中，蝙蝠折纸的翅膀扇动角度区间为 0~60°，翅膀的扇动幅度大。此时，舵机旋转的角度较大，翅膀扇动的频率相对较低，运动轨迹变化显著。

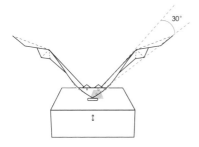

图 5-1-8 运动状态三

如图 5-1-8 所示，在运动状态三中，蝙蝠折纸的翅膀扇动角度区间为 50°～80°，扇动幅度为 30°，翅膀扇动幅度小。此时舵机旋转的角度较小，翅膀运动的频率较高，运动轨迹变化不显著。

装配示意图

如图 5-1-9 所示，蝙蝠电子折纸包括三个主要部分：翅膀折纸部分、机械结构部分和电子元件部分。翅膀折纸部分包括翅膀主体、连接件 1、连接件 2；机械结构部分包括垫片 1、垫片 2、细木棍、导轨 1、导轨 2、舵机、垫高长方体、底座 1、底座 2；电子元件部分包括舵机、面包板、UNO 板以及若干杜邦线。

装配方法如图 5-1-9 所示，以红色虚线段为引导，自上而下对折纸蝙蝠进行装配。

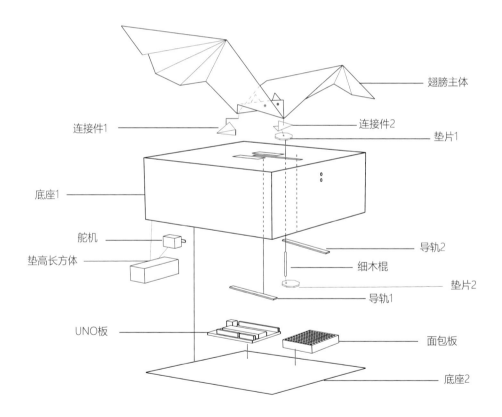

图 5-1-9 蝙蝠装配图示

交互场景图

蝙蝠的交互场景图如图 5-1-10 所示。

状态一

状态二

状态三

图 5-1-10 蝙蝠的交互场景图

图 5-1-11 交互状态一

交互状态一

如图 5-1-11 所示，在状态一下，手电筒离蝙蝠较远，约 20cm，光强较弱。翅膀扇动的幅度较小，约 30°，翅膀扇动频率快。

图 5-1-12 交互状态二

交互状态二

如图 5-1-12 所示，在状态二下，手电筒离机器人较近，约 10cm，光强适中。翅膀扇动的幅度较大，约 60°，翅膀扇动频率较慢。

图 5-1-13 交互状态三

交互状态三

如图 5-1-13 所示，在状态三下，手电筒离机器人最近，约 3cm，光强较强。翅膀扇动的幅度较小，约 30°，翅膀扇动频率快。

制作流程

蝙蝠的制作流程如图 5-1-14 所示。

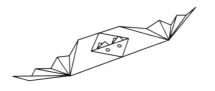

(a) 沿着峰谷虚线将翅膀进行折叠

(b) 尝试捏住绿色部分看是否正常运动

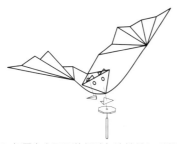

(c) 如图自上而下将翅膀与连接件1、2以及垫片、小木棍连接固定

(d) 将小木棍穿过底座的长槽，并将翅膀固定于垫片上

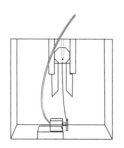

(e) 将舵机粘贴到底座侧面，并连接垫片，同时用导轨固定垫片的运动轨迹，并将橡皮筋套在垫片的小木棍上

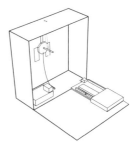

(f) 将Arduino板、面包板粘贴至底面，并根据代码将相应的电线连接

(g) 将底座合起，并接通电源，调试代码并运行

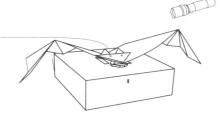

(h) 运行代码，并使用电筒与蝙蝠进行交互

图 5-1-14 蝙蝠制作流程图

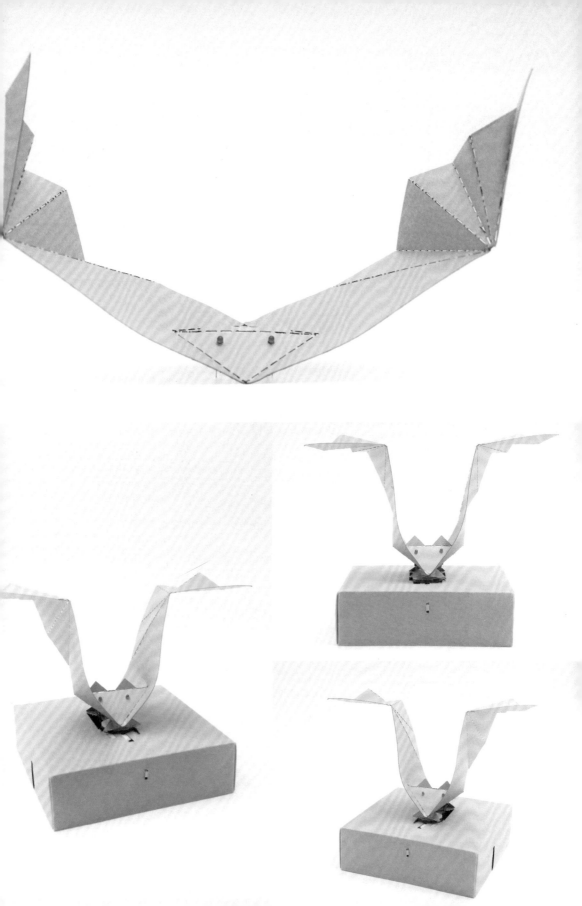

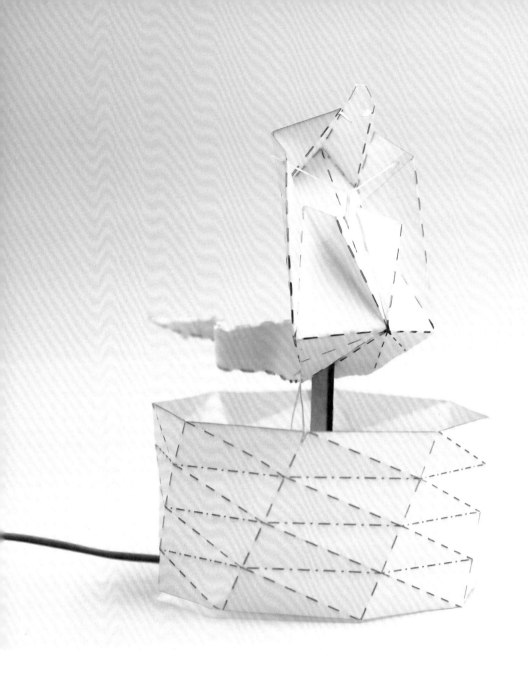

5.2 眼镜王蛇

设计说明

在印度经常能看到玩蛇的艺人，带着几个蛇篓，用笛子吹奏出美妙的乐曲，眼镜蛇就从蛇篓中缓缓直起身躯，跟着音乐和手势摇动。本案例主要通过折纸还原眼镜蛇的姿态，并通过声音交互，模拟眼镜蛇在音乐中摆动的场景。

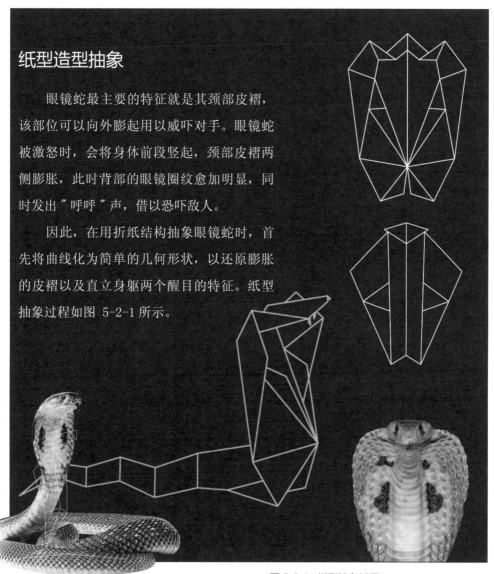

纸型造型抽象

眼镜蛇最主要的特征就是其颈部皮褶，该部位可以向外膨起用以威吓对手。眼镜蛇被激怒时，会将身体前段竖起，颈部皮褶两侧膨胀，此时背部的眼镜圈纹愈加明显，同时发出"呼呼"声，借以恐吓敌人。

因此，在用折纸结构抽象眼镜蛇时，首先将曲线化为简单的几何形状，以还原膨胀的皮褶以及直立身躯两个醒目的特征。纸型抽象过程如图 5-2-1 所示。

图 5-2-1 纸型抽象过程

运动节点分析

眼镜蛇折纸部分的主要运动节点如图 5-2-2 所示。

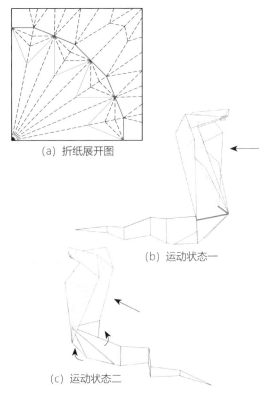

(a) 折纸展开图

图 5-2-2(a) 是折纸造型的展开图，图中红色实线和蓝色实线代表实现两种运动方式的关键折痕。

图 5-2-2(b) 与 (c) 是表示折纸造型运动过程中发生形变的两个状态。图 5-2-2 (b) 中，眼镜蛇直立起身躯，向后摆动头部时，给蛇头一个向后的力，折纸上部主要绕着红色实线折痕向后旋转，并发生一定形变，在力消失后迅速回弹，回到原来的位置。图 5-2-2(c) 中，眼镜蛇想要向前猛扑时，给蛇头一个向下的力，浅蓝色的面绕蓝色实线折痕向上旋转一定角度，带动蛇身向前运动。

(b) 运动状态一

(c) 运动状态二

图 5-2-2 运动节点分析

折纸展开图分析

竹篓展开图如图 5-2-3 所示。

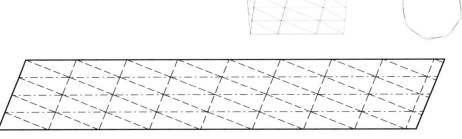

图 5-2-3 竹篓展开图

折纸展开图分析

眼镜蛇折纸展开图与效果图如图 5-2-4 所示。

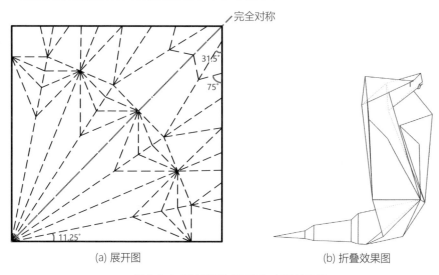

(a) 展开图

(b) 折叠效果图

图 5-2-4 眼镜蛇折纸展开图及折叠效果图

运动状态分析

如图 5-2-5 所示，运动状态一是原始状态，该状态下舵机无任何运动，眼镜蛇上身没有任何运动轨迹。

如图 5-2-6 所示，在运动状态二中，舵机机械臂旋转 180°，弹力绳带动眼镜蛇上半身向后旋转约 30°。

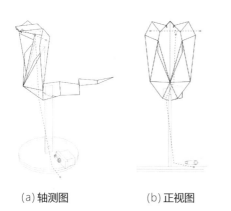

(a) 轴测图　　　(b) 正视图

图 5-2-5 运动状态一

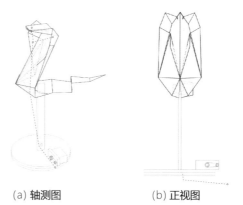

(a) 轴测图　　　(b) 正视图

图 5-2-6 运动状态二

装配示意图

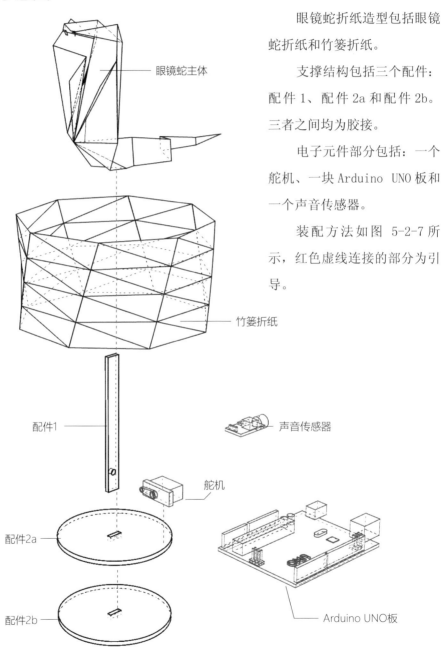

眼镜蛇主体

竹篾折纸

配件1

声音传感器

舵机

配件2a

配件2b

Arduino UNO板

眼镜蛇折纸造型包括眼镜蛇折纸和竹篾折纸。

支撑结构包括三个配件：配件 1、配件 2a 和配件 2b。三者之间均为胶接。

电子元件部分包括：一个舵机、一块 Arduino UNO 板和一个声音传感器。

装配方法如图 5-2-7 所示，红色虚线连接的部分为引导。

图 5-2-7 眼镜蛇的装配图示

交互场景图（如图 5-2-8）

图 5-2-8 眼镜蛇的交互场景图

图 5-2-9 交互状态一

图 5-2-10 交互状态二

图 5-2-11 交互状态三

交互状态一

无声音时，小蛇静止，如图 5-2-9 所示。

交互状态二

打开音乐，将声源靠近传感器后，蛇的上半身会随音乐缓慢前后摇动，角度为 30°左右，如图 5-2-10 所示。

交互状态三

将慢节奏音乐切换为快节奏音乐，并将声源靠近传感器，小蛇摇动频率随音乐加快，如图 5-2-11 所示。

制作流程

制作流程如图 5-2-12 所示。

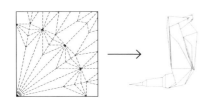

(a) 根据视频折叠眼镜蛇主体

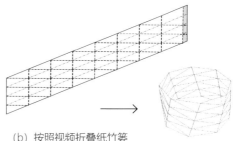

(b) 按照视频折叠纸竹篓

(c) 用胶枪将切割好的木质内构如图组合

(d) 用胶枪将舵机固定在底座上，并连上UNO板

(e) 将蛇用胶枪固定在底座上，并如图用弹力绳连接舵机和蛇头

(f) 连接声音传感器，并测试

(g) 安装纸竹篓

(h) 运行代码，并播放音乐与之交互

图 5-2-12 眼镜蛇的制作流程

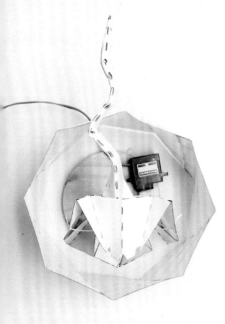
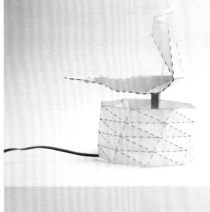
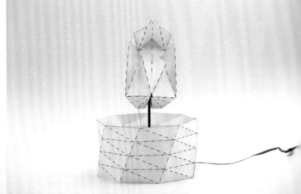

5.3 惊蛰小蛇

设计说明

本案例的灵感来源于蛇。众所周知，蛇有很多运动状态，这取决于其脊椎关节的松紧状况。蛇最显著的运动方式是靠其脊椎关节向前的摩擦力推动前进。于是本案例利用了线轴旋转带动的方式，模拟蛇脊椎关节的运动，使得折纸实现小蛇的爬行运动。

在惊蛰来临之际，气温回升，蛰伏冬眠的蛇就会苏醒，外出觅食。由于肌体能量恢复需要时间，蛇的爬行速度会由慢到快。为了将这种对环境产生的生物信号表达出来，本案例设置了不同的电机旋转圈数和时间控制，使得小蛇折纸能够达到多种不同弯曲程度的爬行状态，让其尽量做到像真正的蛇那样运动。

纸型造型抽象

折纸造型抽象过程如图 5-3-1 所示。本案例提取了自然界中蛇的常见爬行状态，提取其轮廓线，得到了一个大致的外形。

为了使其能像蛇一样弯曲，必须将蛇身分为好几截可弯曲段。从古老的折纸艺术中借鉴了"蛇腹折"结构，作为蛇身的每个单元，也是每个骨点。每节蛇身之间都有可伸缩弯曲的"沙漏型"结构，可以完美表现蛇的爬行状态。

蛇身部分确定之后，进行蛇头和蛇尾部分的设计，参考原型是响尾蛇。根据响尾蛇的头尾特征，抽象出几何形态，在蛇尾侧四面添加了三条折线，模拟其多节蛇尾。

图 5-3-1 蛇的折纸造型抽象

运动节点分析

如图 5-3-2 所示，蛇的骨骼主要是贯穿全身的脊椎线，本案例把它看作是无数个骨点连成的直线并从中找出关键节点。

蛇的爬行方式有两种，大部分蛇采用波浪形前进的方式，在身体扭曲处靠肌肉的力量反推前进。本案例利用线轴旋转带动的方式，模拟蛇脊椎关节的运动。

当蛇左侧的线产生拉力时，蛇身呈正弦函数图像；当蛇右侧当线产生拉力时，蛇身呈反正弦函数图像。

图 5-3-2 蛇的运动节点分析

折纸展开图分析

蛇的折纸展开图如图 5-3-3 所示。

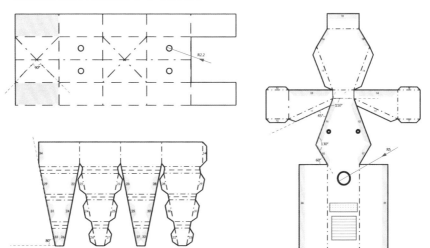

图 5-3-3 蛇的折纸展开图

运动状态分析

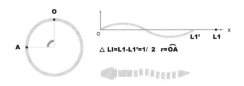

图 5-3-4 运动状态一

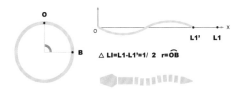

图 5-3-5 运动状态二

图 5-3-6 运动状态三

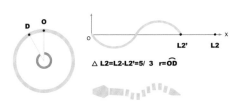

图 5-3-7 运动状态四

运动状态一，如图 5-3-4 所示，左边的圆环表示电机，线缠绕在步进电机上方的转轴上。电机由 O 点旋转到 A 点，逆时针走了 1/4 圈。此时，蛇因为左侧线的拉力而做小幅度弯曲，呈现正弦函数图像。

运动状态二，如图 5-3-5 所示，电机由 O 点旋转到 B 点，顺时针走了 1/4 圈。此时，蛇因为右侧线的拉力而做反方向的小幅度弯曲，呈现反正弦函数图像。

运动状态三，如图 5-3-6 所示，电机由 O 点旋转到 C 点，逆时针旋转 5/6 圈。此时，蛇因为左侧线的拉力而做大幅度弯曲，呈现幅度更大的正弦函数图像 O 点到 C 点（大弧）的距离就是脊椎线缩短的距离。这已经是蛇能达到的最大弯曲程度。

运动状态四，如图 5-3-7 所示，电机由 O 点旋转到 D 点，顺时针旋转 5/6 圈。此时，蛇因为右侧线的拉力再一次做反方向的大幅度弯曲，呈现大幅度反正弦函数图像。O 点到 D 点（大弧）的距离就是脊椎线缩短的距离。

装配示意图

　　蛇形电子折纸包括头尾两节在内一共是十节。由头部、前蛇身、后蛇身、尾巴、牵引线和电子元件组成。内部电子装置有步进电机、电机驱动器以及一块 NANO 板。电容开关包括电阻、金属片和导线若干。

　　与蛇头相连的那节蛇身较长,是为了能把所有电子元件都纳入其中。由于蛇头较重,为了使其能够平稳爬行,在后两个关键节点的位置内部加了重物,并且在与桌面接触的部分加了增大摩擦力的装置。牵引线的穿插是根据运动节点的位置和弯曲状态来调整的,具体的装配图如图 5-3-8 所示。

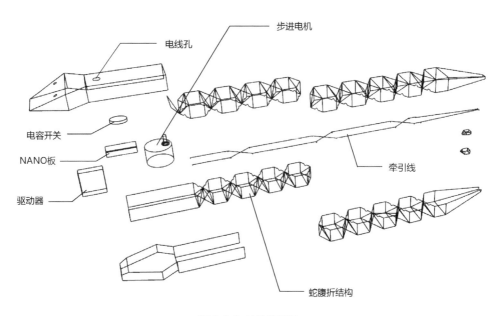

图 5-3-8 蛇的装配图

交互场景图

蛇的交互场景如图 5-3-9 所示。

图 5-3-9 蛇的交互场景图

图 5-3-10 交互状态一

交互状态一：小幅度弯曲

如图 5-3-10 所示，当人用手指轻轻碰触一下它的头部，蛇感应到外界环境给予的"唤醒信号"，就会轻微扭动身体，像是人从微鼾中醒来在伸懒腰。随着多次轻触，小蛇从冬眠到完全苏醒，准备外出寻找食物。

图 5-3-11 交互状态二

交互状态二：大幅度弯曲

如图 5-3-11 所示，多次小幅度弯曲爬行之后，电机带动的转轴加大旋转角度，蛇脊椎的弯曲程度变大，爬行速度更快，此时冬眠惊蛰的蛇完成了苏醒的全过程。

制作流程

蛇的制作流程如图 5-3-12 所示。

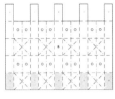

(a) 沿着峰谷虚线将蛇的各个部分进行折叠

(b) 将前蛇身与后蛇身以穿插的方式相连

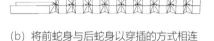
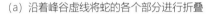

(c) 穿线。只在运动节点的那一截蛇身上交叉，两端线头集中在尾部

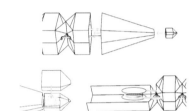

(d) 蛇尾通过线头打结的方式固定，蛇头部分将线固定在转轴上

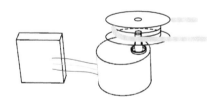

(e) 将转轴插在步进电机上方的圆柱上，注意粘住的那一截要垂直平分水平线

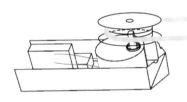

(f) 将电机、驱动器、NANO板、电阻、金属开关根据代码相连

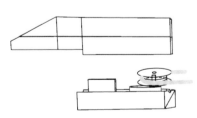

(g) 封装所有电子元件在蛇头仓内，盖上蛇头

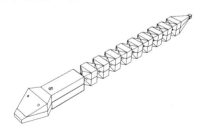

(h) 装配完成，调试代码并运行

图 5-3-12 蛇的制作流程

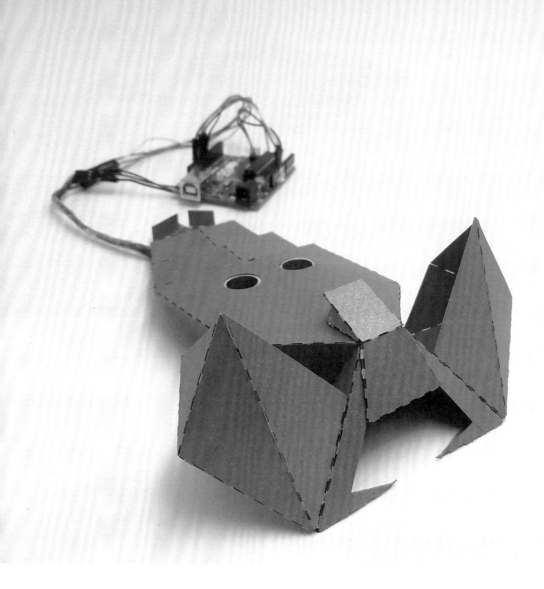

5.4 懒惰的小龙虾

设计说明

　　本案例灵感来源于小龙虾。折纸主体是由龙虾身体特征提炼出来的"虾壳"，根据纸的特点以及折叠的结构，连接运动的舵机，使小龙虾能够自由自在地行走。

纸型造型抽象

　　机器人的造型根据小龙虾的身体结构特征提取而来。巨大的虾钳是小龙虾的主要特征。如图 5-4-1 所示，首先用简单的线条大致勾勒出龙虾的外形，再一步步地进行推演。

　　在进行造型提炼时，要准确抓住小龙虾的特点，比如虾钳和虾壳上的纹路，这些要素可以适当地"夸张化"，使其形象更加生动有趣。除此以外，还要抓住一些细节特征，比如突出的梯形虾头以及像剪刀一般的虾钳顶端。

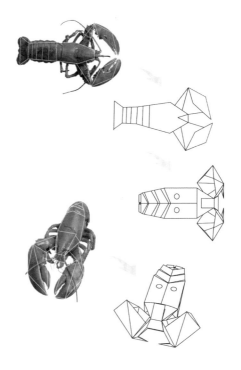

图 5-4-1 龙虾的造型抽象

运动节点分析

本案例的主要运动节点分布在梯形虾头的左右两侧，是两道峰折和一道谷折的交接点，如图 5-4-2(a) 所示。红色虚线表示的两块三角形可以自由开合，如图 5-4-2(b) 所示，也正是这个结构，可使运动的舵机带动小龙虾进行规律的运动，从而实现爬行运动。

除此以外，虾钳底端的两个蓝色标记点以及底部的两个蓝色标记点，如图 5-4-2(c) 与 (d) 所示，是小龙虾的触地点，前两点的作用类似于人类的双脚，主要是为了小龙虾能够顺利向前爬行，而后两点是为了支撑虾的身体。

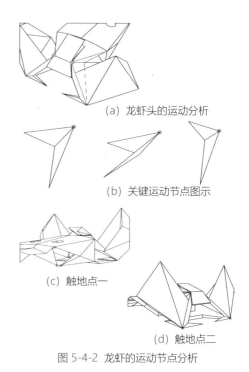

(a) 龙虾头的运动分析

(b) 关键运动节点图示

(c) 触地点一

(d) 触地点二

图 5-4-2 龙虾的运动节点分析

折纸展开图分析

龙虾折纸展开图如图 5-4-3 所示。

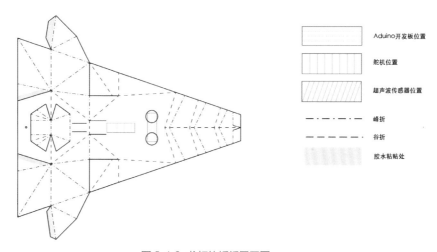

	Aduino开发板位置
	舵机位置
	超声波传感器位置
— · — · —	峰折
— — — —	谷折
	胶水粘贴处

图 5-4-3 龙虾的折纸展开图

运动状态分析

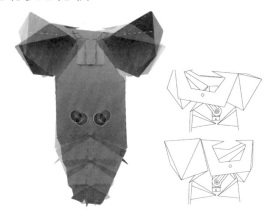

图 5-4-4 运动状态一

运动状态一

大幅运动，如图 5-4-4 所示，舵机左右摆动的幅度较大，从而带动小龙虾身体进行明显的、夸张的扭动，此时小龙虾迈出的步子较大。

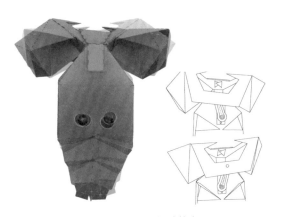

图 5-4-5 运动状态二

运动状态二

小幅运动，如图 5-4-5 所示，此时舵机的摆幅较小，因而看起来虾钳的摆动并不是特别明显，此时小龙虾迈出的步子很小。

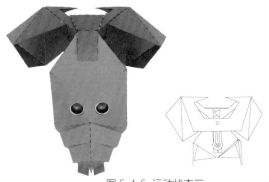

图 5-4-6 运动状态三

运动状态三

当小龙虾没有受到外界刺激时，它会处于静止不动的状态，如图 5-4-6 所示，这是小龙虾的初始状态。

装配示意图

龙虾电子折纸的制作材料并不是很复杂，主要由虾壳主体、舵机、摇臂以及其他电子元器件组成。

虾壳主体是纸质的，一般采用厚度适当的硬卡纸；摇臂用木材激光切割而成，长度为 40mm，固定在舵机上；传感器为超声波传感器，通过检测障碍物的距离选择相应的运动模式。装配方式如图 5-4-7 所示。

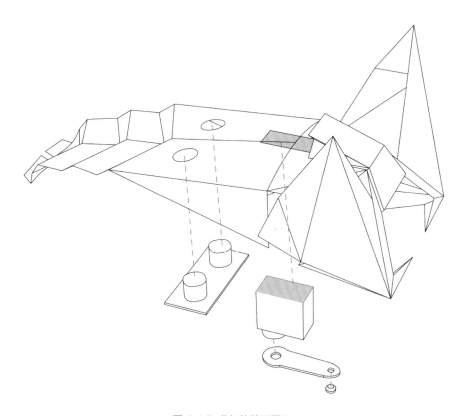

图 5-4-7 龙虾的装配图示

交互场景图

龙虾的交互场景如图 5-4-8 所示。

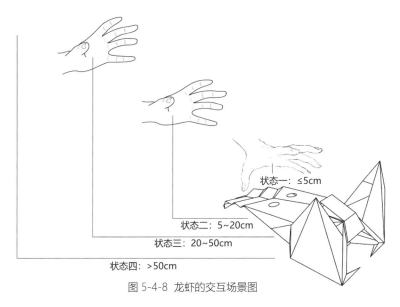

图 5-4-8 龙虾的交互场景图

交互状态一（<=5cm）

当超声波传感器检测障碍物距离小于 5cm 时，小龙虾会直接开启小碎步逃生模式，逃离外界危险后漫漫减速直至停止。

交互状态二（5~20cm）

障碍物在 5~20cm 距离内时，小龙虾的步伐是所有模式中最大的。但此时你需要不断地在 5~20cm 的范围内刺激它才会向前运动。一旦传感器没有接收到感应，运动就会停止。

交互状态三（20~50cm）

在 20~50cm 距离内，小龙虾接触到外界感应，只会做小幅运动；当接触到的感应次数超过 6 次，表明外界存在不断的骚扰，小龙虾才会自动开启前进模式，但速度较慢，属低速触发模式。

交互状态四（>50cm）

当障碍物的距离大于 50cm 时，不存在威胁，小龙虾懒得动弹，处于静止状态。

制作流程

龙虾的交互场景如图 5-4-9 所示。

（a）沿着峰谷虚线将虾壳进行折叠

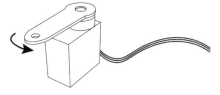

（b）连接舵机与UNO板，将舵机调试到沿中轴对称运动

（c）将泡沫胶剪下两段1cm宽的胶带，贴在灰色区域

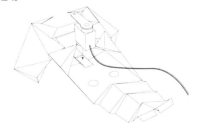

（d）将调试好的舵机粘贴在泡沫胶上

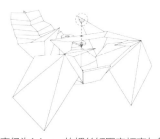

（e）用直径为1.4 mm的螺丝钉固定虾壳与舵机

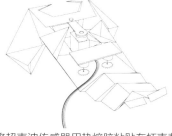

（f）将超声波传感器用热熔胶粘贴在虾壳背部的内侧（红色虚线区域内）

（g）连接传感器与UNO版

（h）开启电源，运行代码，与小龙虾运进行交互

图 5-4-9 龙虾的制作流程

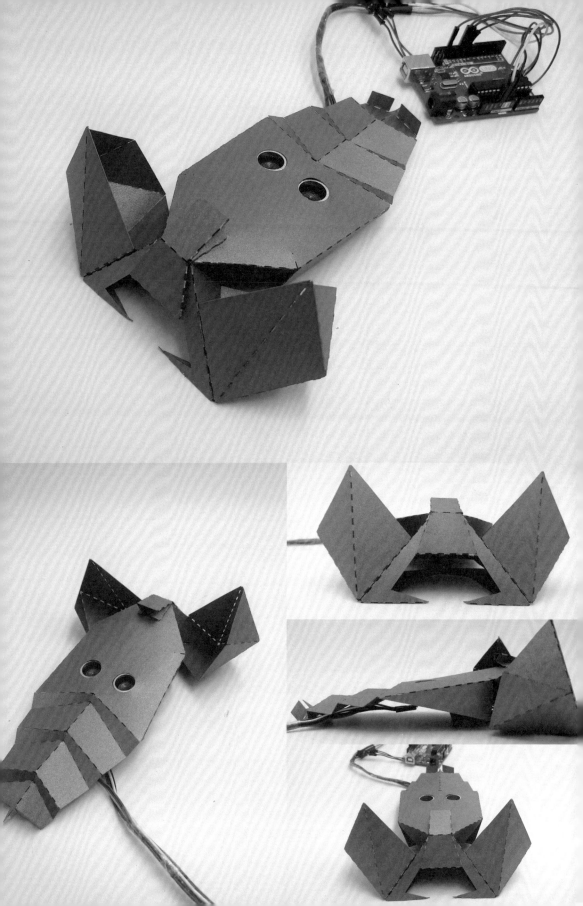

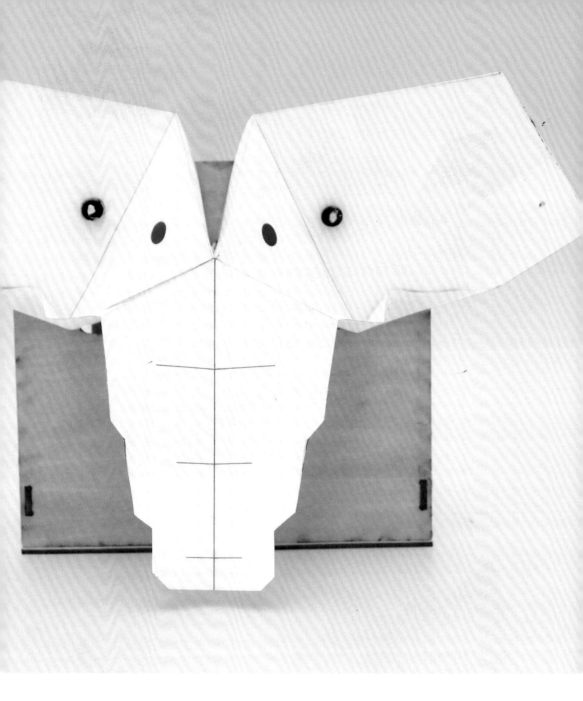

5.5 会变表情的小象

设计说明

会变表情的小象是一只可以与人进行互动的电子折纸。其灵感来源于自然世界中腼腆的大象形象，在经历了与传统折纸、电子墨水、Arduino等现代信息技术手段的融合之后，大象折纸获得了比现实世界中更生动的表情。在与人互动的过程中，大象会惊讶、会害羞，也会悠然笑看生活。

纸型造型抽象

本案例从传统折纸造型和运动可能性出发，对大象折纸进行了造型的推演，如图 5-5-1 所示。

第一步是对大象的造型进行提炼。由于现实中大象的体型巨大，所以在不断抽象、缩小的过程中，本案例选择了大象最富有特征的头部，对特征感较弱的身体进行了艺术式的隐藏。

在接下来对于头部重塑的过程中，本案例又提炼出了大象富有特色的大耳朵和长鼻子，希望通过鼻子和耳朵的特征来表达大象的形象。

与此同时，本案例选择了一种传统的 Y 形开合折纸结构，实现上合下开、下合上开的效果，丰富大象的表情。

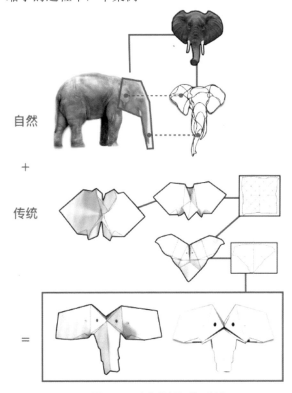

图 5-5-1 大象的折纸造型抽象

运动节点分析

如图 5-5-2（a）所示，鼻子上下摆动，耳朵内外扇动。

如图 5-5-2（b）所示，红点为定点，整体的面部动作绕该点进行。红色实线为主要的运动结构线，红色虚线为带动的运动结构线，黄色色块为驱动连接部分。

在主要运动节点中，核心驱动部分绕红色顶点完成开合的运动，上合下开、下合上开，如图 5-5-2（d）所示。在大象运动的过程中，核心部分驱动作为杠杆，带动耳朵和鼻子的扇动，如图 5-5-2（c）所示。

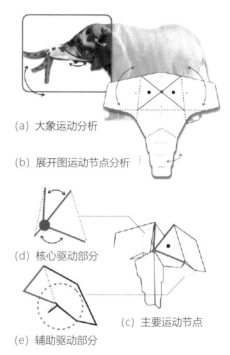

(a) 大象运动分析

(b) 展开图运动节点分析

(d) 核心驱动部分

(c) 主要运动节点

(e) 辅助驱动部分

图 5-5-2 大象的运动节点分析

折纸展开图分析

大象折纸展开图如图 5-5-3 所示。

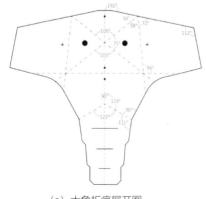

(a) 大象折痕展开图

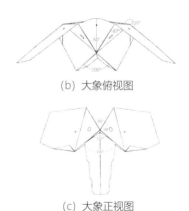

(b) 大象俯视图

(c) 大象正视图

图 5-5-3 大象的折纸展开图

运动状态分析

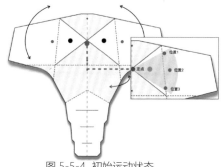

图 5-5-4 初始运动状态

如图 5-5-4 所示，大象的面部运动过程中，左右两个绿色的驱动点在齿轮的带动下，绕红色的定点进行同步的弧形运动。

绿色驱动点在摆动的过程中，一共有三个位置，分别对应三种运动状态，以及三种不同的表情。

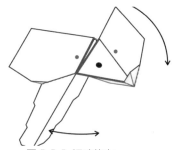

图 5-5-5 运动状态一

运动状态一

当驱动点到达位置一时，呈现第一种运动状态。大象面部收缩，耳朵向上翘起，鼻子抬起，露出惊讶的表情，如图 5-5-5 所示。

图 5-5-6 运动状态二

运动状态二

当驱动点到达位置二时，呈现第二种运动状态。大象面部处于放松的状态，耳朵自然打开，鼻子垂直放下，神情放松，如图 5-5-6 所示。

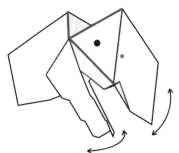

图 5-5-7 运动状态三

运动状态三

当驱动点到达位置三时，呈现第三种运动状态。大象耳朵下垂，鼻子内收，成低眉顺眼的撒娇状，如图 5-5-7 所示。

装配示意图

如图 5-5-8 所示，大象电子折纸主要由三个部分组成，分别为折纸结构、支撑支架和驱动转盘。

驱动转盘：由配件 B~H、两根长螺丝、长盘以及舵机组成。

支撑支架：由配件 I~N、配件 P、面包板以及 UNO 板组成。

折纸结构：由折纸展开图折叠而成，通过棉线固定在配件 P 前端，由两根小木棒与齿轮 B、C 连接。

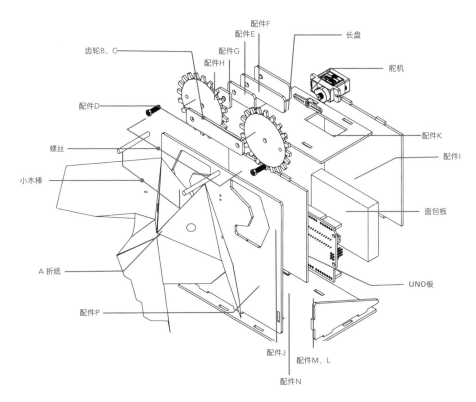

图 5-5-8 大象的装配图示

交互场景图

大象交互场景图如图 5-5-9 所示。

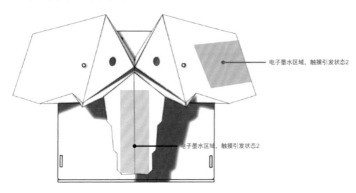

电子墨水区域，触摸引发状态2

电子墨水区域，触摸引发状态2

图 5-5-9 大象的交互场景图

位置1

(a) 交互状态一

位置2

(b) 交互状态二

位置3

(c) 交互状态三

图 5-5-10 大象交互状态图

交互状态一

如图 5-5-10（a）所示，在没有外部触摸的情况下，大象在位置 2~位置 3 之间小幅度摆动耳朵和鼻子。

交互状态二

如图 5-5-10（b）所示，当手触摸大象的鼻子时，大象就会开心地与对方互动，在位置 1~位置 3 之间大幅度快速摆动耳朵和鼻子。

交互状态三

如图 5-5-10（c）所示，当手触摸大象的耳朵时，大象会突然安静下来，停在位置 3 作卖萌状。

制作流程

大象制作流程如图 5-5-11 所示。

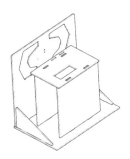

(a) 安装主要支撑板

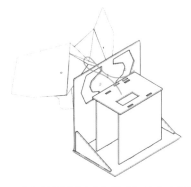

(b) 将折纸大象通过棉线固定在支撑板上

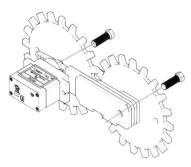

(c) 安装驱动模块

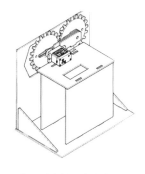

(d) 将驱动齿轮固定在支撑板上

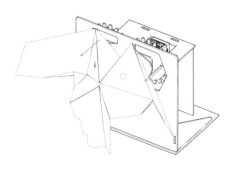

(e) 连接折纸大象和驱动机构，并用热熔胶固定

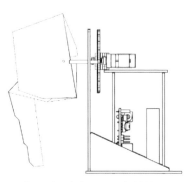

(f) 固定面包板和UNO板的位置

图 5-5-11 大象制作流程

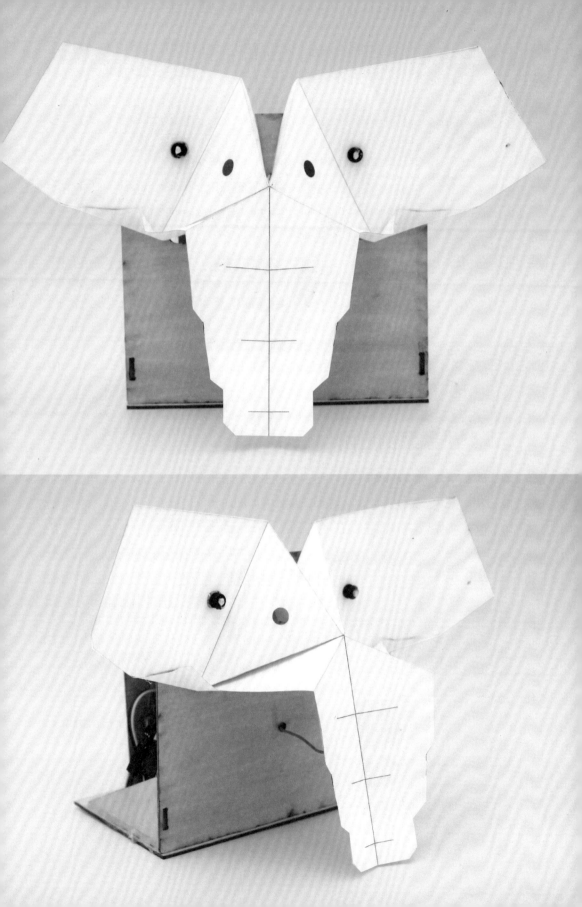

5.5.1 小象案例进阶

　　本环节为小象案例的进阶，深入探讨小象的动作细节与交互实现。这里展示小象抽泣、惊恐、兴奋、炫耀、摇头晃脑等五种运动效果的模拟，并通过不同的编程控制眼耳鼻动作而实现。

运动效果

 抽泣

 惊恐

 兴奋

 炫耀

 摇头晃脑

制作工具准备

电子元件

· SG90 9g 舵机 ×2

· Arduino UNO 开发板

· 排线若干

· 电源线 ×1

折纸零件

· A4切割图纸 ×1

· 50mm木头摇臂×1

· 30mm塑料舵杆×1

模型工具

· 剪刀 ×1

· 双面胶及纸胶

元件爆炸图

进阶版小象原件爆炸图如图 5-5-12 所示。

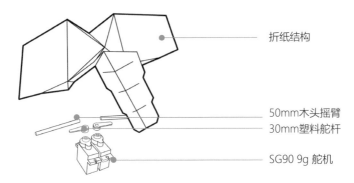

折纸结构

50mm木头摇臂
30mm塑料舵杆

SG90 9g 舵机

图 5-5-12 进阶版小象原件爆炸图

运动状态

如图 5-5-13 所示，小象的运动依赖两个舵机同步控制折纸结构的开合，设计五个关键角度，通过关键角度的切换组合使小象拥有丰富的面部表情。

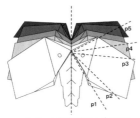

(a) 小象折纸运动图示

(b) 舵机角度

位置P1 舵机角度为30°

(c) 位置 P1

位置P2 舵机角度为45°

(d) 位置 P2

位置P3 舵机角度为80°

(e) 位置 P3

位置P4 舵机角度为100°

(f) 位置 P4

位置P5 舵机角度为120°

(g) 位置 P5

图 5-5-13 进阶版小象运动状态

动作设计曲线

进阶版小象动作设计曲线如图 5-5-14 所示。

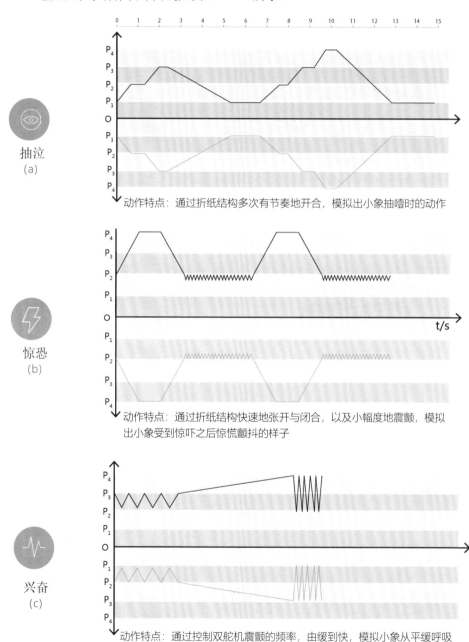

动作特点：通过折纸结构多次有节奏地开合，模拟出小象抽噎时的动作

动作特点：通过折纸结构快速地张开与闭合，以及小幅度地震颤，模拟出小象受到惊吓之后惊慌颤抖的样子

动作特点：通过控制双舵机震颤的频率，由缓到快，模拟小象从平缓呼吸到大口呼吸的过程

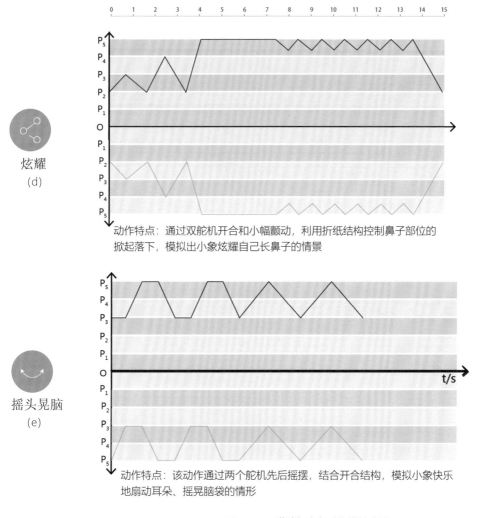

炫耀

(d)

动作特点：通过双舵机开合和小幅颤动，利用折纸结构控制鼻子部位的掀起落下，模拟出小象炫耀自己长鼻子的情景

摇头晃脑

(e)

动作特点：该动作通过两个舵机先后摇摆，结合开合结构，模拟小象快乐地扇动耳朵、摇晃脑袋的情形

图 5-5-14 进阶版小象动作设计曲线

舵机控制程序及参数（如图 5-5-15 ~ 图 5-5-20)

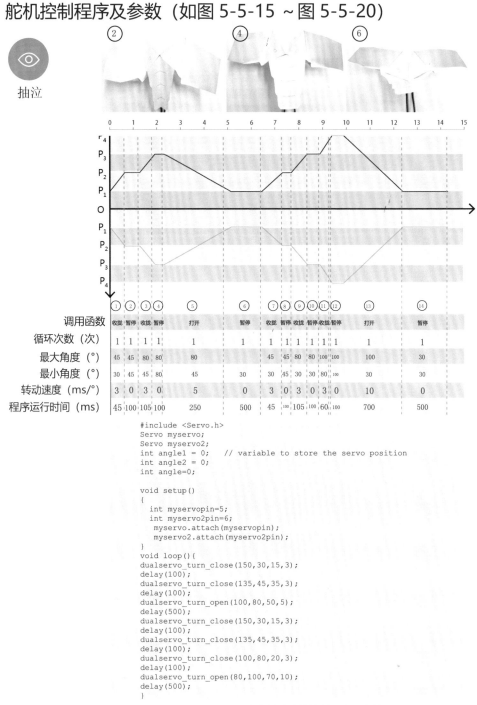

抽泣

调用函数	收拢	暂停	收拢	暂停	打开	暂停	收拢	暂停	收拢	暂停	收拢	暂停	打开	暂停
循环次数（次）	1	1	1	1	1		1	1	1	1	1	1	1	1
最大角度（°）	45	45	80	80	80	30	45	45	80	80	100	100	100	30
最小角度（°）	30	45	45	80	45	30	30	45	30	30	80	100	30	30
转动速度（ms/°）	3	0	3	0	5	0	3	0	3	0	3	0	10	0
程序运行时间（ms）	45	100	105	100	250	500	45	100	105	60	100		700	500

```
#include <Servo.h>
Servo myservo;
Servo myservo2;
int angle1 = 0;    // variable to store the servo position
int angle2 = 0;
int angle=0;

void setup()
{
  int myservopin=5;
  int myservo2pin=6;
   myservo.attach(myservopin);
   myservo2.attach(myservo2pin);
}
void loop(){
dualservo_turn_close(150,30,15,3);
delay(100);
dualservo_turn_close(135,45,35,3);
delay(100);
dualservo_turn_open(100,80,50,5);
delay(500);
dualservo_turn_close(150,30,15,3);
delay(100);
dualservo_turn_close(135,45,35,3);
delay(100);
dualservo_turn_close(100,80,20,3);
delay(100);
dualservo_turn_open(80,100,70,10);
delay(500);
}
```

图 5-5-15 小象抽泣动作控制程序及参数

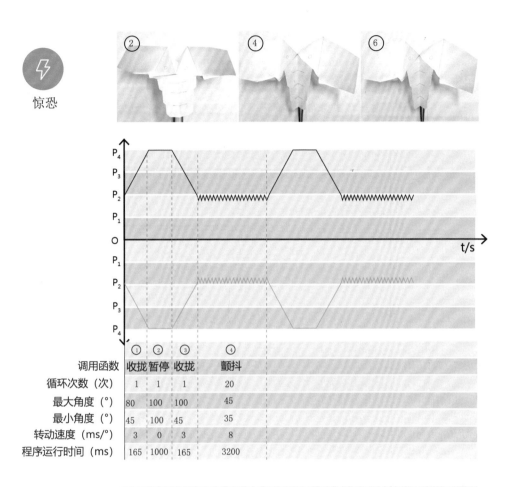

惊恐

调用函数	① 收拢	② 暂停	③ 收拢	④ 颤抖
循环次数（次）	1	1	1	20
最大角度（°）	80	100	100	45
最小角度（°）	45	100	45	35
转动速度（ms/°）	3	0	3	8
程序运行时间（ms）	165	1000	165	3200

```
#include <Servo.h>
Servo myservo;
Servo myservo2;
int angle1 = 0;    // variable to store the servo position
int angle2 = 0;
int angle=0;
void setup()
{
    int myservopin=5;
    int myservo2pin=6;
    myservo.attach(myservopin);
    myservo2.attach(myservo2pin);
}
void loop(){
    dualservo_close(135,45,55,3);
    delay(1000);
    dualservo_open(80,100,55,3);
    dualservo_tremble(20,135,45,10,8,8);
    delay(2000);
}
```

图 5-5-16 小象惊恐动作控制程序及参数

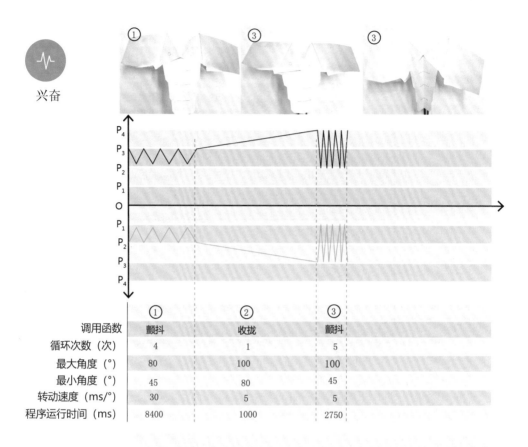

兴奋

调用函数	① 颤抖	② 收拢	③ 颤抖
循环次数（次）	4	1	5
最大角度（°）	80	100	100
最小角度（°）	45	80	45
转动速度（ms/°）	30	5	5
程序运行时间（ms）	8400	1000	2750

```
#include <Servo.h>

Servo myservo;
Servo myservo2;

int angle1 = 0;    // variable to store the servo position
int angle2 = 0;
int angle=0;
void setup()
{
  int myservopin=5;
  int myservo2pin=6;
    myservo.attach(myservopin);
    myservo2.attach(myservo2pin);
}
void loop(){
dualservo_tremble(4,100,80,35,30,30);
dualservo_turn_close(100,80,20,5);
delay(1000);
dualservo_tremble(5,80,100,55,5,5);
}
```

图 5-5-17 小象兴奋动作控制程序及参数

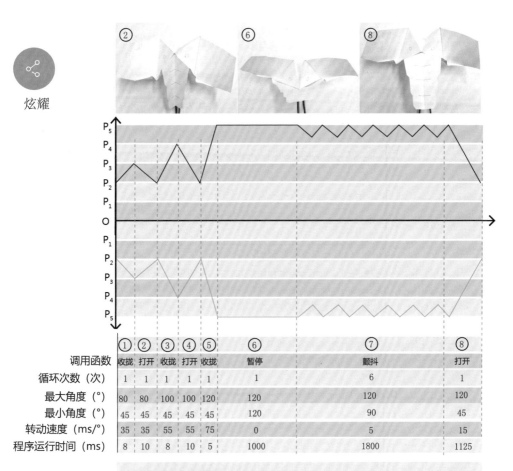

调用函数	①收拢	②打开	③收拢	④打开	⑤收拢	⑥暂停	⑦颤抖	⑧打开
循环次数（次）	1	1	1	1	1	1	6	1
最大角度（°）	80	80	100	100	120	120	120	120
最小角度（°）	45	45	45	45	45	120	90	45
转动速度（ms/°）	35	35	55	55	75	0	5	15
程序运行时间（ms）	8	10	8	10	5	1000	1800	1125

```
#include <Servo.h>
Servo myservo;
Servo myservo2;
int angle1 = 0;    // variable to store the servo position
int angle2 = 0;
int angle=0;
void setup()
{
  int myservopin=5;
  int myservo2pin=6;
  myservo.attach(myservopin);
  myservo2.attach(myservo2pin);
}
void loop(){
dualservo_close(135,45,35,8);
dualservo_open(100,80,35,10);
dualservo_close(135,45,55,8);
dualservo_open(80,100,55,10);
dualservo_close(135,45,75,5);
delay(1000);
```

图 5-5-18 小象炫耀动作控制程序及参数

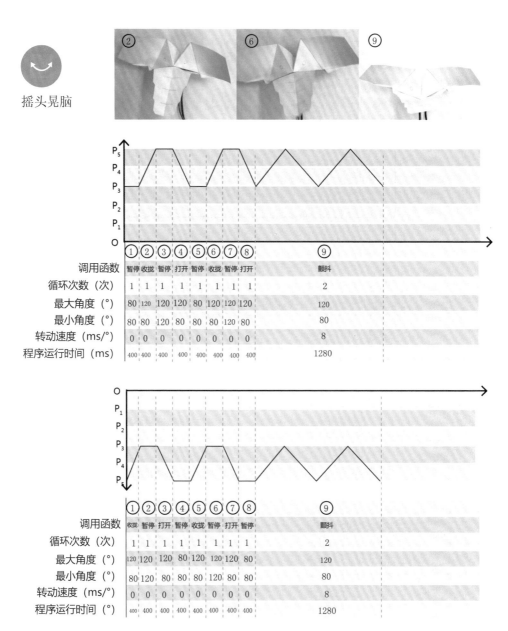

摇头晃脑

图 5-5-19 小象摇头晃脑动作控制程序的参数

```
#include <Servo.h>

Servo myservo;
Servo myservo2;

int angle1 = 0;    // variable to store the servo position
int angle2 = 0;
int angle=0;

void setup()
{
  int myservopin=5; //
  int myservo2pin=6; //
   myservo.attach(myservopin);
   myservo2.attach(myservo2pin);
}

void loop(){
servo2_open(120,80,10);
servo1_close(100,60,10);
servo1_open(60,100,10);
servo2_close(80,120,10);
servo2_open(120,80,10);
servo1_close(100,60,10);
servo1_open(60,100,10);
servo2_close(80,120,10);
dualservo_turn_close(100,120,40,8);
dualservo_turn_open(60,80,40,8);
dualservo_turn_close(100,120,40,8);
dualservo_turn_open(60,80,40,8);
}
```

图 5-5-20 小象摇头晃脑动作控制程序

5.6 孔 雀

设计说明

　　"孔雀"电子折纸的主体是由传统孔雀折纸加上三浦折叠简
化而成的一张纸,纸的运动主要靠纸型的结构带动,并利用舵机
和颜色传感器进行交互,实现孔雀与人之间的情绪交互。

纸型造型抽象

鸟类的形象在传统折纸的发展中一直占据着举足轻重的地位，其中孔雀作为一种很生动的鸟类常常为折纸发明家所青睐。折纸孔雀的折法更是不下十种。本案例在原有传统折纸的基础上做了改进和装饰，造型抽象过程如图 5-6-1 所示。

图 5-6-1(a)~(c) 分析的是从生态孔雀到传统折纸翅膀，再到机器人纸型的形态抽象。红色线表示出了孔雀尾部的大轮廓，机器人纸型在孔雀尾部增添了一些装饰使得尾部的形态更丰富。该部分的装饰利用了日本著名的三浦折叠，利用简单内折和外折创造出有规律的图案。红线表示抽象出来的尾部轮廓和简化出来的头部轮廓。虚线表示谷线。

图 5-6-1(d)~(f) 分析的是孔雀的收尾抽象。孔雀本身的收尾呈下垂状，但是这样不好进行运动控制，因此取竖起的状态。实际上传统折纸并没有尾巴收拢的形态，因此本书想利用舵机实现孔雀尾巴的缩紧。红线表示尾部形状的抽象。

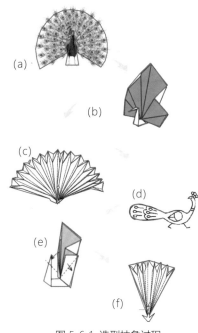

图 5-6-1 造型抽象过程

运动节点分析

孔雀折纸的主要运动节点如图 5-6-2 所示。红色为中心受力点，绿色则是两侧受力面。滑轮使得力的方向得到改变。

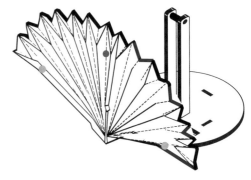

图 5-6-2 运动节点分析

思考：如何让尾巴合拢？

解法：用线作用在尾部两侧的面上，一起带动往里收。

思考：如何让尾巴展开？

解法：利用孔雀尾部两端的配重加上线的拉力减小至零，可以让尾巴展开。

折纸展开图分析

孔雀折纸展开图如图 5-6-3 所示。

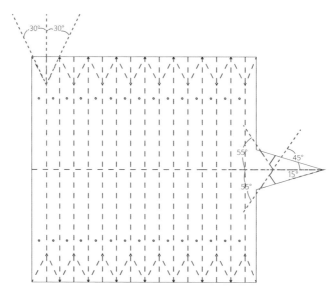

图 5-6-3 孔雀折纸展开图

运动状态分析

图 5-6-4 运动状态一

运动状态一

如图 5-6-4 所示，运动状态一为大开大合状态。雀尾从 160°开角收拢到 30°的开角，舵机从 0°转到 110°。

图 5-6-5 运动状态二

运动状态二

如图 5-6-5 所示，运动状态二为震颤状态。雀尾在 160°到 140°之间反复快速摆动，舵机从 0°转到 40°。

图 5-6-6 运动状态三

运动状态三

如图 5-6-6 所示，运动状态三为雀尾收紧并小幅摆动状态。此时，雀尾在 30°到 45°间循环摆动，舵机从 110°转到 80°。

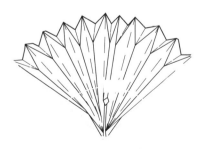

图 5-6-7 运动状态四

运动状态四

如图 5-6-7 所示，运动状态四为雀尾维持在 65°左右的开角前后振动，振动角度比较小。

装配示意图

孔雀电子折纸包括以下部分：孔雀主体为一个整体折纸造型；转轴结构包括两个支撑杆和一个滑轮；支撑结构包括两个圆片台、四个支撑片；电子元件部分包括一个舵机、一块面包板和一块 UNO 板。装配方法如图 5-6-8 所示。

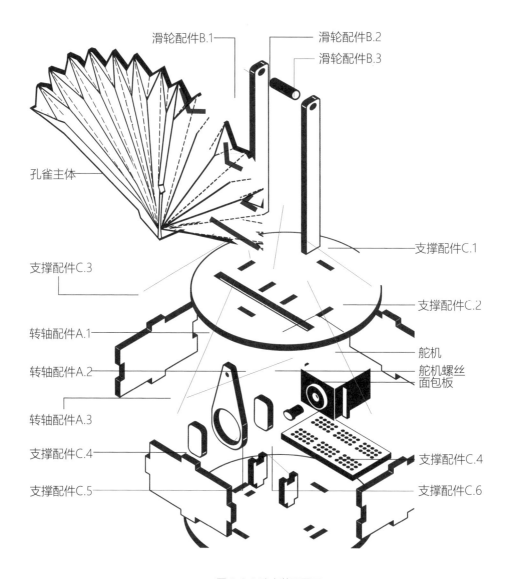

图 5-6-8 孔雀装配图示

交互场景图

孔雀折纸的交互场景如图 5-6-9 所示。

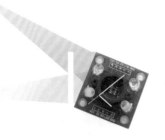

图 5-6-9 孔雀折纸的交互场景

交互状态一：红色卡片

图 5-6-10 交互状态一

如图 5-6-10 所示，雄孔雀看到好看的女生会展开翅膀，两次完全伸展从 0~180°，后进行小幅度的颤动。以此方式表达出孔雀一种喜悦的心情。

交互状态二：蓝色卡片

图 5-6-11 交互状态二

如图 5-6-11 所示，雄孔雀看到丑的男生后翅膀微微抬起，角度保持在 140°~180°。以此表示不理不睬，一种鄙夷的心情。

交互状态三：绿色卡片

图 5-6-12 交互状态三

如图图 5-6-12 所示，雄孔雀看到女装大佬或小丑时非常惊讶，先完全展开翅膀 0°~180°，最后停留在 45°左右的位置进行反复震颤，以此表示惊讶、示威。

制作流程

孔雀制作流程如图 5-6-13 所示。

(a) 将舵机套上木质转轴

(b) 在转轴上贴上两块支撑片

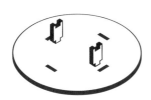

(c) 将底圆盘和卡舵机的木条连接

(d) 放上舵机和三块木片

(e) 将上盖的滑轮结构连接

(f) 按峰谷线折叠孔雀，依次将线穿过折纸上的
洞口并与转轴固定

(g) 将孔雀用热熔胶粘在上板上，并且线要穿
过滑轮

(h) 将上下支撑板合起来，完成

图 5-6-13 孔雀制作流程

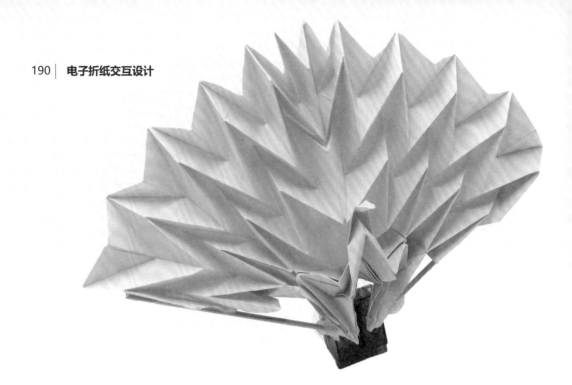

5.6.1 孔雀案例进阶

本环节为孔雀案例的进阶，深入探讨孔雀的动作细节与交互实现。这里展示孔雀唤醒、舒展、炫耀、挑衅、雀跃五种运动效果。每种效果通过不同的编程控制实现，展现孔雀的多种行为特征。

运动效果

 唤醒

 舒展

 炫耀

 挑衅

 雀跃

制作工具准备

电子元件

· SG90 9g 舵机 ×2
· Arduino UNO 开发板 ×1
· 电源线 ×1
· 面包版 ×1
· 排线若干

模型工具

· 剪刀 ×1
· 胶枪及胶棒 ×1

折纸零件

· A3切割图纸 ×1
· 直径1.4mm的螺丝钉×1
· 85mm木头摇臂×1

元件爆炸图

进阶版孔雀原件爆炸图如图 5-6-14 所示。

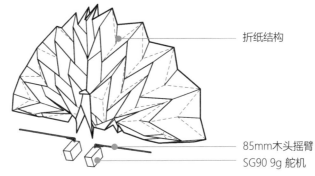

折纸结构

85mm木头摇臂

SG90 9g 舵机

图 5-6-14 进阶版孔雀原件爆炸图

运动状态

孔雀折纸的运动主要表现为尾巴的打开和收拢,通过两个舵机连接木头摇臂控制尾巴来实现。设定四个关键位置,如图 5-6-15 所示。舵机不同的角度和速度共同合成了孔雀的多种运动,为孔雀情绪和行为的表达提供可能。

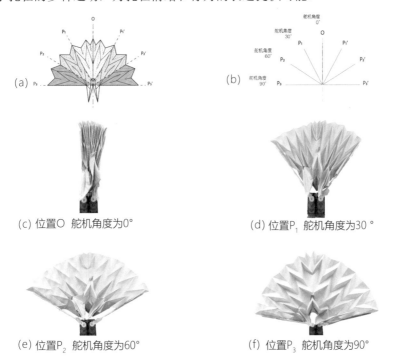

(a)

(b)

(c) 位置O 舵机角度为0°

(d) 位置P₁ 舵机角度为30°

(e) 位置P₂ 舵机角度为60°

(f) 位置P₃ 舵机角度为90°

图 5-6-15 进阶版孔雀运动状态

运动设计曲线

进阶版孔雀运动设计曲线如图 5-6-16 所示。

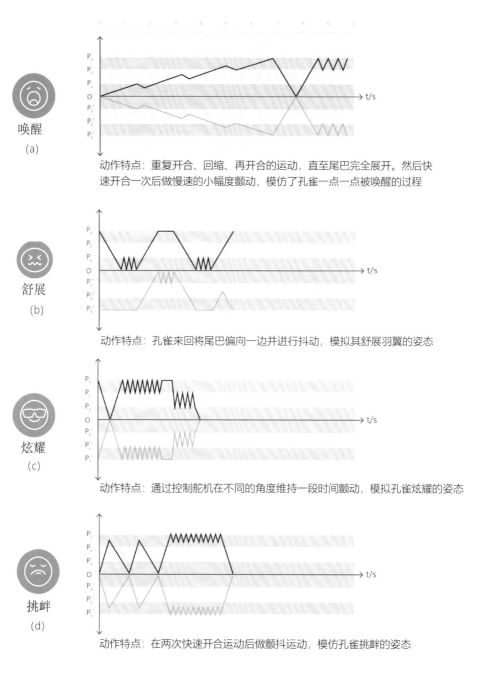

唤醒
(a)

动作特点：重复开合、回缩、再开合的运动，直至尾巴完全展开。然后快速开合一次后做慢速的小幅度颤动，模仿了孔雀一点一点被唤醒的过程

舒展
(b)

动作特点：孔雀来回将尾巴偏向一边并进行抖动，模拟其舒展羽翼的姿态

炫耀
(c)

动作特点：通过控制舵机在不同的角度维持一段时间颤动，模拟孔雀炫耀的姿态

挑衅
(d)

动作特点：在两次快速开合运动后做颤抖运动，模仿孔雀挑衅的姿态

图 5-6-16 进阶版孔雀运动设计曲

舵机控制程序及参数

进阶版孔雀运动设计曲线如图 5-6-17~ 图 5-6-21 所示。

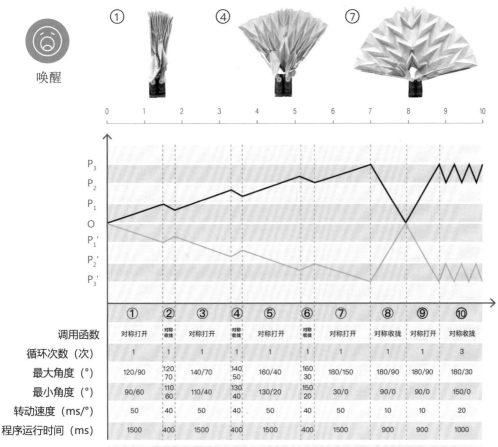

	①	②	③	④	⑤	⑥	⑦	⑧	⑨	⑩
调用函数	对称打开	对称收拢	对称打开	对称收拢	对称打开	对称收拢	对称打开	对称收拢	对称打开	对称收拢
循环次数（次）	1	1	1	1	1	1	1	1	1	3
最大角度（°）	120/90	120/70	140/70	140/50	160/40	160/30	180/150	180/90	180/90	180/30
最小角度（°）	90/60	110/60	110/40	130/40	130/20	150/20	30/0	90/0	90/0	150/0
转动速度（ms/°）	50	40	50	40	50	40	50	10	10	20
程序运行时间（ms）	1500	400	1500	400	1500	400	1500	900	900	1000

```
#include <Servo.h>

Servo myservo;
Servo myservo2;

int myservopin=7;
int myservo2pin=8;
int angle=0;

void setup() { myservo.attach(myservopin);
               myservo2.attach(myservo2pin);   }
void loop() {
  twoservosym(0,90,30,50);
  twoservosym2(120,70,10,40);
  twoservosym(110,40,30,50);
  twoservosym2(140,50,10,40);
  twoservosym(130,20,30,50);
  twoservosym2(160,30,10,40);
  twoservosym(150,20,30,50);
  twoservosym(180,90,90,10);
  twoservosym2(90,0,90,10);
  twoservosymtrem(3,150,0,30,30,20);
}
```

图 5-6-17 孔雀唤醒动作控制程序及参数

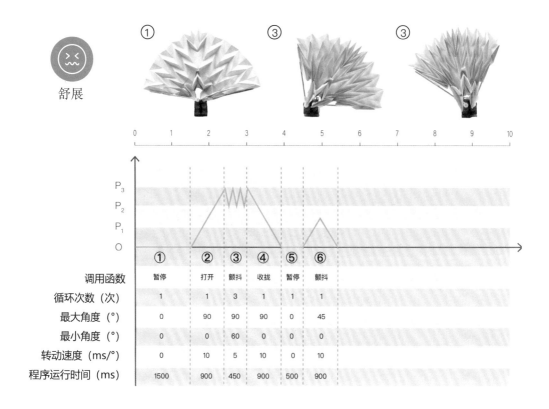

```
#include <Servo.h>

Servo myservo;
Servo myservo2;

int myservopin=7;
int myservo2pin=8;
int angle=0;

void setup() {
  myservo.attach(myservopin);
  myservo2.attach(myservo2pin);
  }
void loop() {
  oneturn2(180,90,10);
  tremble(3,90,120,5,);
  twoservounsym(90,0,90,10);
  tremble(3,60,90,5,);
  twoservounsym2(180,90,90,10);
  tremble(3,90,120,5,);
  twoservounsym(90,0,45,10);
  twoservosym(135,0,45,10);
}
```

图 5-6-18 孔雀舒展动作控制程序及参数

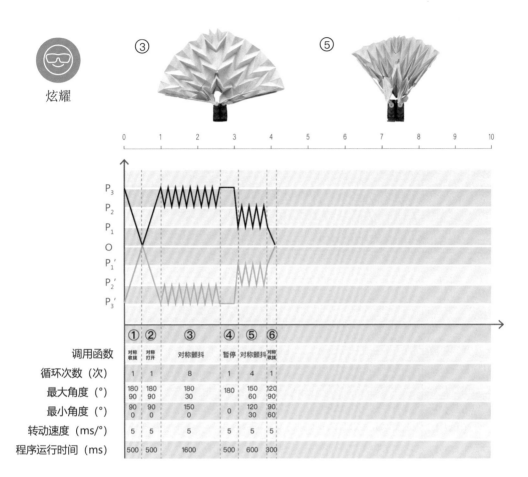

图 5-6-19 孔雀炫耀动作控制程序及参数

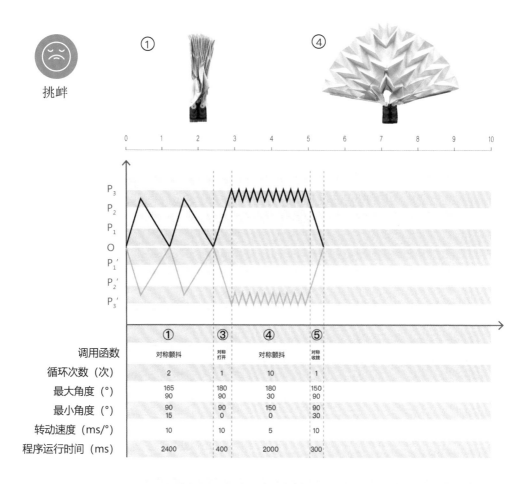

挑衅

调用函数	①	③	④	⑤
	对称颤抖	对称打开	对称颤抖	对称收拢
循环次数（次）	2	1	10	1
最大角度（°）	165 90	180 90	180 30	150 90
最小角度（°）	90 15	90 0	150 0	90 30
转动速度（ms/°）	10	10	5	10
程序运行时间（ms）	2400	400	2000	300

```
#include <Servo.h>

Servo myservo;
Servo myservo2;

int myservopin=7;
int myservo2pin=8;
int angle=0;

void setup() {
  myservo.attach(myservopin);
  myservo2.attach(myservo2pin);
}

void loop() {
  twoservosym2(180,90,90,5);
  twoservosymtrem(2,90,15,75,5,10);
  twoservosym(90,0,90,5);
  twoservosymtrem(10,165,0,15,5,5);
  twoservosym2(180,90,90,5);}
```

图 5-6-20 孔雀挑衅动作控制程序及参数

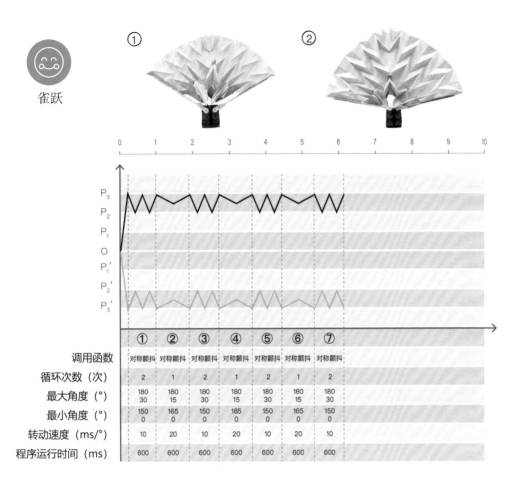

调用函数	①	②	③	④	⑤	⑥	⑦
	对称颤抖	对称颤抖	对称颤抖	对称颤抖	对称颤抖	对称颤抖	对称颤抖
循环次数（次）	2	1	2	1	2	1	2
最大角度（°）	180 30	180 15	180 30	180 15	180 30	180 15	180 30
最小角度（°）	150 0	165 0	150 0	165 0	150 0	165 0	150 0
转动速度（ms/°）	10	20	10	20	10	20	10
程序运行时间（ms）	600	600	600	600	600	600	600

```
#include <Servo.h>

Servo myservo;
Servo myservo2;

int myservopin=7;
int myservo2pin=8;
int angle=0;

void setup() {
  myservo.attach(myservopin);
  myservo2.attach(myservo2pin);
  }

void loop() {
  twoservosym(90,0,90,20);
  twoservosymtrem(2,150,0,30,10,10);
  twoservosymtrem(1,150,0,15,20,20);
  twoservosymtrem(2,150,0,30,10,10);
  }
```

图 5-6-21 孔雀雀跃动作控制程序及参数

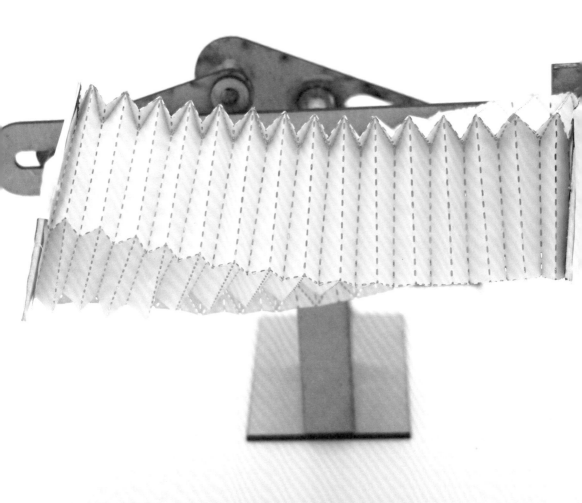

5.7 手风琴

设计说明

　　本作品灵感来源于手风琴的皮风箱，手风琴在演奏过程中通过皮风箱来回伸展收缩产生强大的气流，促使小簧框上的簧片震颤发声，演奏出优美的旋律。本作品的折纸部分结构就是模仿手风琴中间皮风箱的来回伸展收缩运动，通过机械结构的设计转化为横向的往复运动来实现折纸部分的形态变化。

纸型造型抽象

作品在折纸部分参考了手风琴中间部分：皮风箱，如图 5-7-1（a）所示。在手风琴演奏过程中，皮风箱通过伸展收缩产生强大的气流，促使小簧框上的簧片震颤发声，演奏出优美的旋律。

这部分的运动充满变化且极富美感，为了充分展现出结构中蕴含的变化，在设计图纸时，将整个结构设计为正方形侧边而不是一般手风琴中皮风箱的长方形侧边，这样的好处在于可以为其设计略带旋转的伸展收缩运动，折纸部分的变化更为丰富有趣，如图 5-7-1（b）~（e）所示。

(a) 手风琴皮风箱

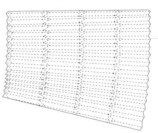

(b) 手风琴的运动状态一

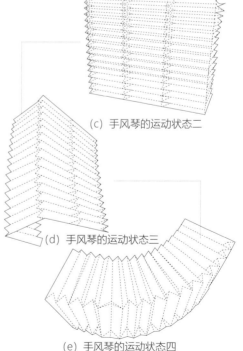

(c) 手风琴的运动状态二

(d) 手风琴的运动状态三

(e) 手风琴的运动状态四

图 5-7-1 手风琴的造型抽象

折纸展开图

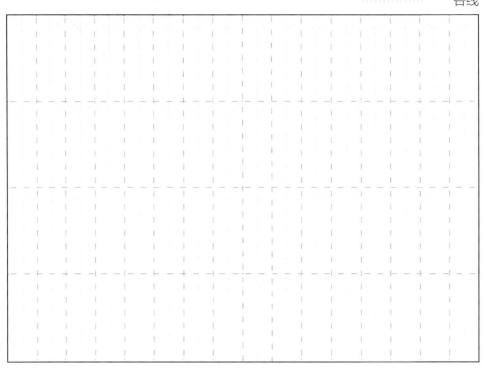

图 5-7-2 手风琴折纸平面展开图

在折纸部分的设计上，之前提到正方形侧面，所以横向进行了四等分；考虑到机械结构行程上的距离，竖向进行了三十二等分，峰线、谷线、切割线如图5-7-2所示，在运用激光切割机切割图纸后，根据折痕，就能够很轻松地将折纸部分制作出来，局部折叠效果如图5-7-3所示。

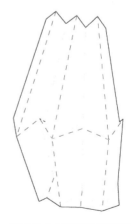

图 5-7-3 手风琴局部效果

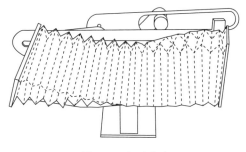

图 5-7-4 运动状态一

运动状态一

运动状态一是在接上电源时产品的初始状态，此时舵机处于初始位置 0，折纸部分被拉伸为最大形变，如图 5-7-4 所示。

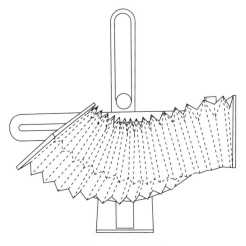

图 5-7-5 运动状态二

运动状态二

运动状态二是舵机旋转 90°，并通过机械结构带动折纸结构上侧进行大幅收缩，下侧小幅收缩，如图 5-7-5 所示。

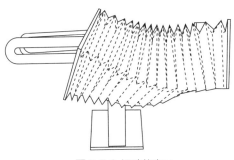

图 5-7-6 运动状态三

运动状态三

运动状态三是舵机旋转 180°，通过机械结构带动折纸达到最大压缩程度，如图 5-7-6 所示。之后舵机将开始反向旋转 180° 回到状态一，如此循环往复。

装配示意图

　　手风琴折纸的装配图如图 5-7-7 所示。整体装配过程较为复杂，需要制作者有足够的耐心。其中需要用到与折纸部分侧边等大的 2mm 纸板进行固定折纸部分；此外，需要注意螺丝固定中要保持木头配件之间开孔水平对齐，螺丝与木头配件之间固定需要稳定，否则会存在机构无法正常运动的风险。

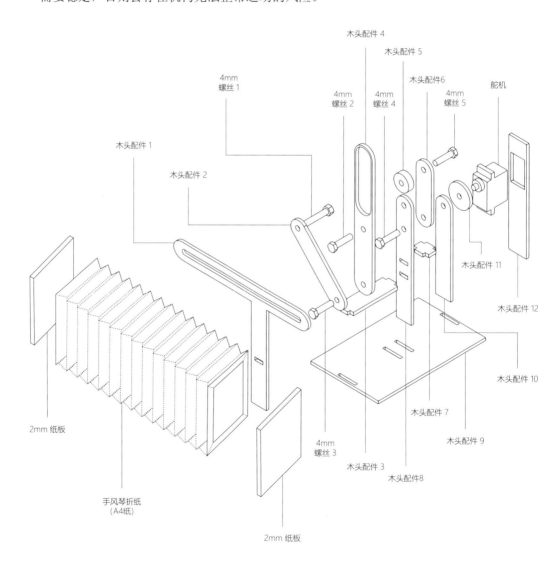

图 5-7-7 手风琴折纸装配图示

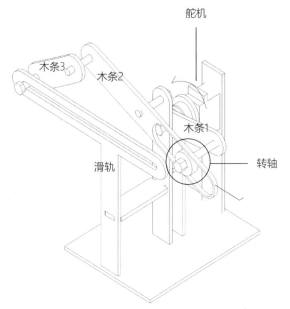

图 5-7-8 手风琴折纸的机械结构运动分析

手风琴折纸的机械结构运动如图 5-7-8 所示。首先是舵机处旋转带动木条 1 进行逆时针旋转，然后木条 1 通过转轴带动，使得木条 2 进行逆时针旋转运动，木条 2 的逆时针旋转运动通过木条 3 的衔接最后在滑轨木板上将舵机的旋转运动转变为直线运动。

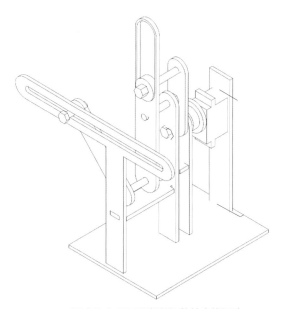

图 5-7-9 手风琴折纸滑轨的直线运动

这样就可以实现滑轨的直线运动，如图 5-7-9 所示，以此来控制手风琴折纸结构的径向伸缩运动。

运动控制

舵机和 Arduino 的连接方式如图 5-7-10 所示。

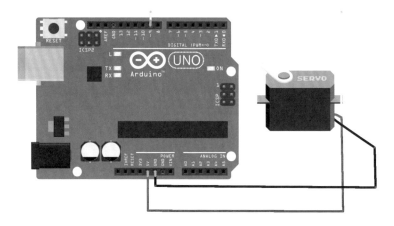

图 5-7-10 舵机和Arduino的连接方式

舵机控制代码如图 5-7-11 所示。

```
#include <Servo.h>
Servo myservo;
int pos = 0;
void setup()
{
  myservo.attach(9);
  }

void loop()
{
  for(pos = 0;pos<180;pos+=1)
    {
      myservo.write(pos);
      delay(5);
      }
  for(pos = 180;pos>=1;pos-=1)
    {
      myservo.write(pos);
      delay(5);
      }
}
```

图 5-7-11 舵机控制代码

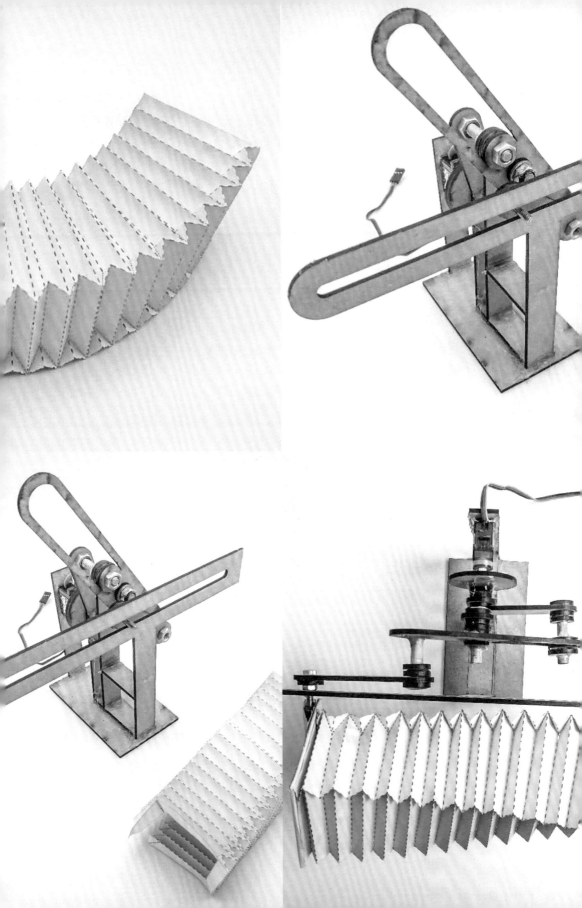

5.8 猫头鹰先生

设计说明

　　曾经想让有灵气的动物陪伴左右，却不曾想它们可能有另一种存在形式。猫头鹰作为捕鼠能力最强的鸟类之一，自古就是人类的得力助手。在西方，它代表着智慧和通灵，象征着吉祥和幸福。本案例通过折纸与机械结构的配合实现猫头鹰的飞翔百态。

纸型造型抽象

　　猫头鹰的头部具有极强的辨识度，双耳和喙部的线条延伸到面部中间汇聚，将人们的注意力锁定在眼部。猫头鹰的眼睛占了整个头部骨骼的 70%，而人类的眼睛只占整个头部骨骼的 5%，加上猫头鹰的眼睛酷似人类，这是猫头鹰的面部具有如此神情表现力的原因。充满灵气的双耳和有神的眼睛也就成了人们对猫头鹰的最初印象。

　　猫头鹰的头部在保持和身体同宽的同时，保持着往前伸的状态，羽翼和头部的羽毛在保持整体感的同时又相互区分，这样的特征也需要提取到折纸上。

　　猫头鹰给人的印象与传统的鸟类不同。在人的印象里，猫头鹰始终是一副停在树上双眼注视的神态。这种经典印象的把握也有利于对猫头鹰折纸形态的塑造。

　　猫头鹰的造型抽象过程如图 5-8-1 所示，在折纸形态上，头部与猫头鹰向前伸出的形态一致，而其面部依旧呈现聚合状态，增加了纸型的层次感。同时，面部和身躯两侧的羽毛上下呼应，增强了猫头鹰纸型的整体感和丰满度。这样一来，由动物形态特征分析出的结果就展现在了纸型的艺术设计上，这使得折纸形态更加生动、自然。

图 5-8-1 猫头鹰的造型抽象

运动节点分析

鸟类飞行的时候两侧各有两个运动节点。这两个运动节点中，躯干和身体的节点发生了最大幅度的摆动，这使得鸟类的运动充满张力，如图 5-8-2 所示。

在翅膀动作发生的逻辑中，翅膀的挥动有不同的幅度，不同的幅度象征着猫头鹰应对不同场景的反应。因此，在动态的提取上，展翅的幅度、速度、停留时间这些要素都能转化为参数，相互组合也能够表达多种情绪语言。

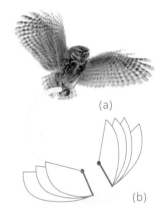

(a)

(b)

图 5-8-2 猫头鹰运动节点分析

机械原理

给一张纸赋予生命，需要各种动作机构来辅助产生。将经典的运动机构运用到传统的纸型中，即便是普通的纸张也能焕发活力。

针对猫头鹰的动作特点和运动节点，可以很自然地想到常用的齿轮传动机构，如图 5-8-3 所示。翅膀开合是对称运动，实现方式能用两个等大齿轮的转动带动两侧大臂的摆动。

通过反复的实验和测算，能够找到合适的位置，让齿轮在起始位置对应翅膀的完全展开状态，齿轮旋转 180° 后对应翅膀的完全闭合的状态。

结合舵机控制，可以让翅膀扇动充满韵律感和节奏感。结合参数控制，还能实现多种动作的组合，从而实现猫头鹰的行为表达。

○ 转臂连接点
● 旋转轴心
○ 旋转轴

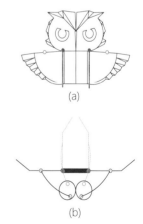

(a)

(b)

图 5-8-3 猫头鹰的运动机构

折纸展开图分析

猫头鹰折纸展开图如图 5-8-4 所示，纸型分析如图 5-8-5 所示。

图 5-8-4 猫头鹰的折纸展开图

(a) 只是平面折叠在运动中会使整体变形。角度控制使得头部始终保持突出和 160° 左右的丰满。头部拱出的同时，牵制身躯保持稳定以免被翅膀带动开合

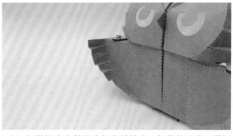

(b) 细微的高度差使头部向前伸出，与整体区分，增加了真实感和纸型层次感。控制高度的同时，还要留出头与两侧的距离，保证转臂旋转

(c) 根据猫头鹰的面部特征，能发现其面部具有区分度的关键要素：占大比例的眼睛和向眼部聚合的耳朵和喙部。通过对折痕宽度和角度的把握，使猫头鹰的神态得以通过纸型形象地表达出来

(d) 头部和羽翼两侧都运用了重复折叠的方式。两侧的羽毛在模仿猫头鹰羽翼特点的同时，也能够多处呼应，使其造型更美观和整体化，体现了猫头鹰的形态特征

图 5-8-5 猫头鹰纸型分析

装配示意图

如图 5-8-6 所示，为了保证齿轮转动时位置的准确性，在齿轮下方添加了定位轮，并采用插接的方式固定两者以确定两者圆心完全重合。右侧定位轮留出了一字形舵盘的位置，从而节省了舵机转轴对准齿轮中心的时间。三个支架增加了机械结构的稳定性，也保证了齿轮在水平方向上平稳转动。

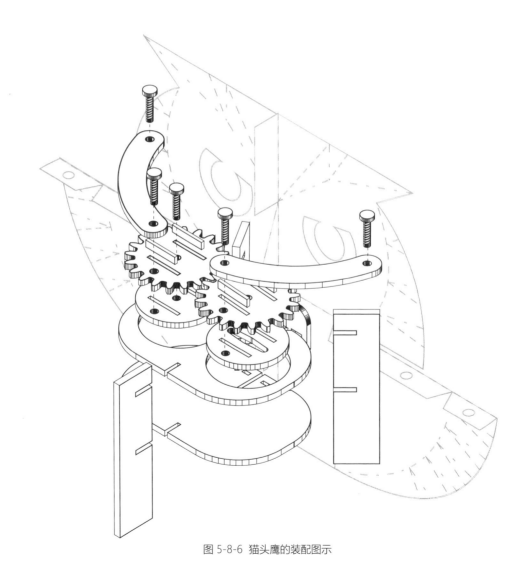

图 5-8-6 猫头鹰的装配图示

运动状态分析

运动状态分析如图 5-8-7 所示。

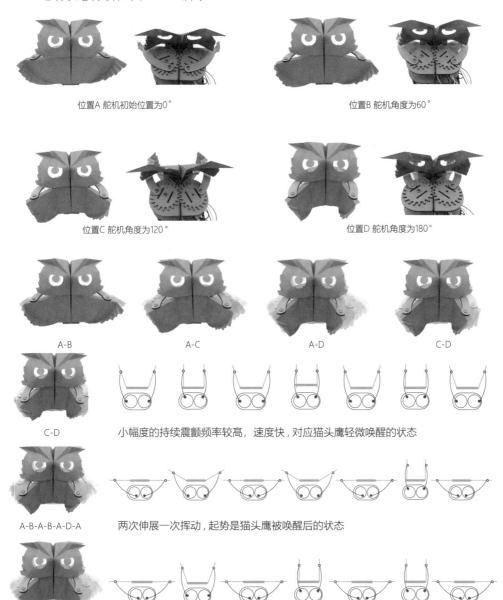

位置A 舵机初始位置为0°

位置B 舵机角度为60°

位置C 舵机角度为120°

位置D 舵机角度为180°

A-B

A-C

A-D

C-D

C-D

小幅度的持续震颤频率较高，速度快，对应猫头鹰轻微唤醒的状态

A-B-A-B-A-D-A

两次伸展一次挥动，起势是猫头鹰被唤醒后的状态

A-C-A-D-A-D-A

不同程度的大幅度挥动组合成自然的飞行动作，表示猫头鹰的飞翔状态

图 5-8-7 运动状态分析

交互场景图

交互场景如图 5-8-9 所示。

亮度大于950

亮度在750至950

亮度在500至750

亮度在500以下

激发条件	执行动作（含声音）	程序参数
亮度在950以上，环境光明 不适合猫头鹰活动	静止 定点保持在A	delay(2000);
亮度在750至950，环境变暗、 猫头鹰被轻微唤醒	执行轻微唤醒的动作组合 C-D，小幅震颤 扇动速度(time1为舵机步速)较快，幅度小 动作重复频率(time2为舵机动作循环间隔)高	#define time1 2 #define time2 50 int angle = 120; #define myangle 180;
亮度在500至750，环境更暗 猫头鹰被完全唤醒	执行起势动作组合 A-B-A-B-A-D-A 两次小幅度摆动，一次大幅度的动作组合循环 考虑到幅度变化，扇动速度较慢 动作之间时间间隔较长，体现起势特征	#define time1 5 #define time2 200 int angle = 0; #define myangle1 60; #define myangle2 180;
亮度在500至750，环境最暗 猫头鹰非常活跃	执行两次中幅度，一次大幅度的拍打组合 并伴有叫声（蜂鸣器模仿猫头鹰音调） 动作定点组合 A-C-A-D-A-D-A 此时为最活跃状态， 扇动速度快，组合间隔时间短	#define time1 2 #define time2 50 int angle = 0; #define myangle1 120; #define myangle2 180;

图 5-8-8 猫头鹰的交互场景

制作流程

制作流程如图 5-8-9 所示。

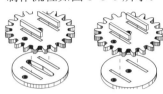

(a) 插接齿轮，必要时可用胶水加强

(b) M4螺丝连接转臂和齿轮，不用拧紧

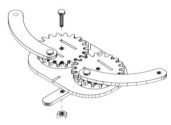

(c) 组合齿轮放入支架，连接从动轮和宽条以防偏位

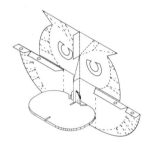

(d) 用马蹄形木片插接折纸和支板

(e) 放置机械部分，和另一支板用支架插接

(f) 固定两条支架后，螺丝连接转臂和翅膀，不用拧紧

(g) 舵机的舵盘对准主动轮下的槽，加强固定

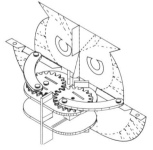

(h) 调试后摆正舵机，胶接舵机和支板，插接支架，完成

图 5-8-9 制作流程

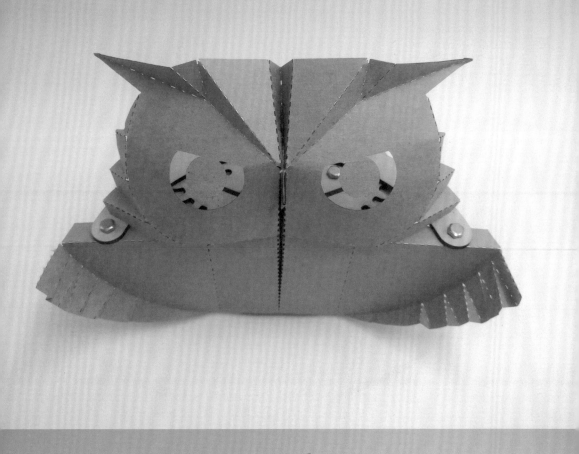

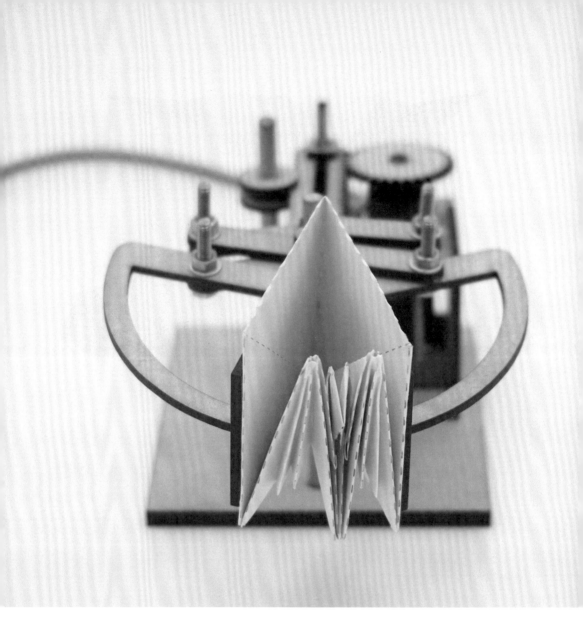

5.9 立体卡片

设计说明

　　机械结构总是在我们的生活中扮演着各种各样的角色。我们也许感知不到机械在我们生活中的重要性，但是不得不说机械与我们的生活息息相关。于是本案例将机械的美感与功能以这样的载体呈现出来，用来制作一个可替换立体卡片的电子折纸。

形态提取

网络上有许多开合形式的立体折纸
卡片，它们通过开合动作来实现从平面
到立体形态的变化。各种各样的形态都
能通过纸张的打开呈现出来，让人十分
惊喜。本案例最初的想法便源于此，设
想通过折纸和机械结构的配合来实现这
样的开合过程。

开合运动可以通过许多方式来实现，
如图 5-9-1 所示，可以直接通过旋转实
现，也能够通过直线运动转化为开合运
动等方式来实现。

思考：

1. 如何使运动效果更加完美地呈
现？

2. 如何能够尽量减少驱动机构的复
杂性？

3. 如何在尽量满足第 1 点与第 2 点
的情况下尽量减少机构的复杂性？

最后从简化驱动机构的角度出发，
本案例选择了直线运动转化为开合运动
的平行四边形连杆机构，它能够将驱动
机构简化为一个，同样保证较好的运动
效果。

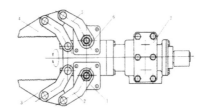

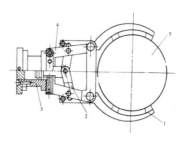

图 5-9-1 立体卡片的形态提取

运动节点分析

机械结构的主要运动节点分析如图 5-9-2 所示。蓝点表示运动节点，其中 A 点为固定节点。其余节点的运动主要通过连接于 B 点的齿条带动。

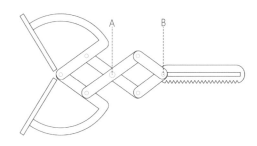

图 5-9-2 机械部分的主要运动节点

折纸部分的主要运动节点分析如图 5-9-3 所示。折纸部分的运动节点已经在图 5-9-3 中用绿色虚线标出，折纸部分的运动通过机械结构的运动带动。其中 C 点为折纸开合运动的中轴线，卡片的左右两部分根据安装的立体卡片不同，其牵引点会发生变化。

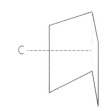

图 5-9-3 折纸卡片的主要运动节点

折纸展开图分析

立体卡片折纸展开图如图 5-9-4 所示。

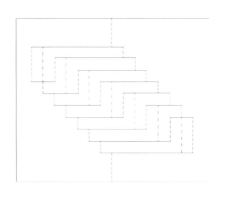
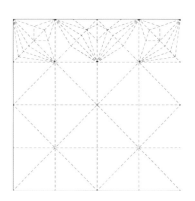

图 5-9-4 立体卡片的折纸展开图

运动状态分析

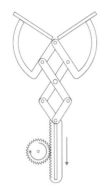

图 5-9-5 运动状态一

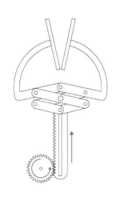

图 5-9-6 运动状态二

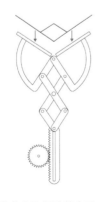

图 5-9-7 运动状态三

运动状态一

图5-9-5为机械结构张开后的状态，此时舵机顺时针旋转并带动齿条向后进行水平方向运动，带动前方的平行四边形连杆结构向后拉伸。此时，平行四边形连杆结构前端的钟形曲柄受到向后的拉力向外张开，实现机械结构的打开。

运动状态二

图5-9-6为机械结构关闭后的状态，此时舵机逆时针旋转并带动齿条向前进行水平竖直方向运动，带动前方的平行四边形连杆结构向前收缩。此时，平行四边形连杆结构前端的钟形曲柄受到向前的推力向内合并，实现机械结构的关合。

运动状态三

图5-9-7为机械结构更换立体卡片时的状态。平行四边形连杆结构前端的钟形曲柄受到向后的拉力向外张开，完成运动后机构停顿。此时便可以将立体卡片利用魔术贴粘在立体卡片固定装置上。

装配示意图

如图 5-9-8 所示，本案例为了保证结构运动的稳定性，在齿条中间开槽，使支撑棒能够穿入，从而进行限位。其次，在平行四边形结构尾部使用了更长的 m4 螺丝，从而可以插入下方的限位轨道，起到双重限位的作用。最后，为了改善舵机齿轮在驱动机构运动时使整个结构出现偏转的情况。在齿条右方设置了一个限位轮机构，从而保证机构在运动时不会发生偏移。

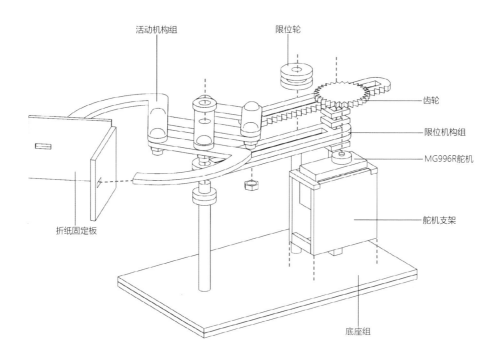

图 5-9-8 立体卡片的装配图示

运动控制

运动控制如图 5-9-9 所示。

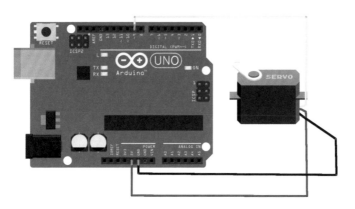

图 5-9-9 舵机接线示意图

代码实现

代码实现如图 5-9-10 所示。

```
#include <Servo.h>
Servo myservo;
int pos = 0;
void setup()
{
  myservo.attach(9);
  }
  void loop()
  {
    for(pos = 0;pos<150;pos+=1)  //控制舵机前进角度，以及步进角度
    {
      myservo.write(pos);
      delay(10);  //控制舵机回转延时时间
      }
    for(pos = 150;pos>=1;pos-=1)  //控制舵机回转角度，以及步进角度
    {
      myservo.write(pos);
      delay(10);  /控制舵机转动延时时间
      }
    }
```

图 5-9-10 代码实现

制作流程

(a) 使用m4螺丝与螺母将主要木质结构固定

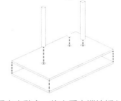

(b) 将木质底座黏合，将木质支撑棒插入底座，必要时可用胶水加固

(c) 将舵机支架插接并黏合，放入舵机后固定齿轮

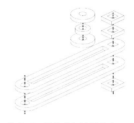

(d) 将木质限位轨道与垫片黏合，再将木质限位轮组黏合

(e) 将步骤一制作的结构和限位轮组插入木质支撑棒

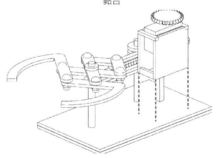

(f) 将舵机组固定至底座上，并黏合

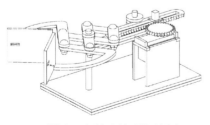

(g) 将折纸固定片插入钟形曲柄并黏合

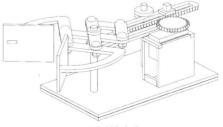

(h) 制作完成

图 5-9-11 立体卡片制作流程图

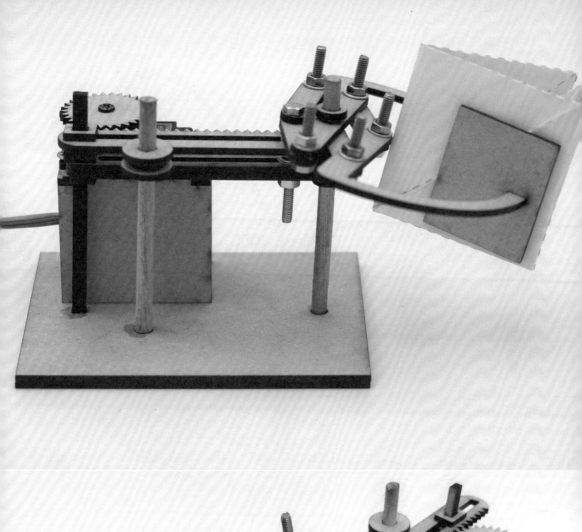

5.10 机械蜥蜴

设计说明

试着想象一下，有一颗遥远的小行星，地表都是一望无际的黄色荒漠，只有一只机械蜥蜴在荒漠上爬行着。在很久很久以前，这只机械蜥蜴被一艘路过这里的外星飞船遗落下来。它不会思考特别复杂的道理，只能在这片荒漠上不断地前进着，它的征途名为远方。

本案例灵感来源于蜥蜴，通过对蜥蜴爬行动作进行提取，通过机械运动实现其爬行，并赋予蜥蜴感知能力，对外部环境作出反应。

机械造型抽象

机械蜥蜴的造型与运动方式设计是从一种名为"守宫"的爬行动物中提取出来的。从图 5-10-1 中可以看出，守宫爬行时四肢主要呈现出两种状态，如图 5-10-1（a）&（b）所示，其最大的特点是一侧的两条腿总是方向相对。

固定在偏心齿轮上的后足在直流电机的带动下围绕偏心齿轮的圆心做旋转运动，因为上下的高度差模拟出守宫的运动状态向前爬行。

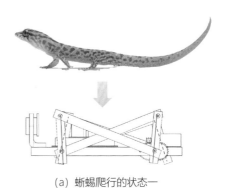

(a) 蜥蜴爬行的状态一

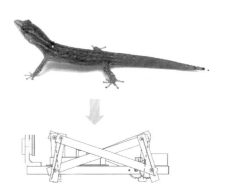

(b) 蜥蜴爬行的状态二

图 5-10-1 机械蜥蜴的折纸造型抽象

运动节点分析

图 5-10-2 中节点 A1 代表初始状态时偏心齿轮与后足连接点的位置。节点 A2 代表一个运动周期后偏心齿轮与后足连接点的位置。此时，前足在连杆结构的带动下向前位移，完成前进动作。

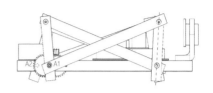

直流电机带动螺纹齿轮转动，螺纹齿轮与位于中间的大齿轮接触带动两侧长齿轮转动。同时，长齿轮与偏心齿轮接触，从而实现由直流电机带动偏心齿轮转动，完成机械结构向前运动的过程。

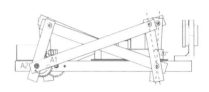

图 5-10-2 机械蜥蜴的运动节点分析

当直流电机反转时即可实现机械结构向后运动的过程。

折纸展开图分析

折纸外壳展开如图 5-10-3 所示，折纸外壳完成图如图 5-10-4 所示。

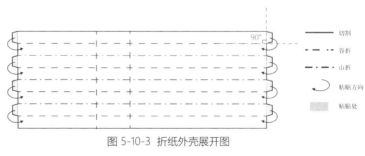

图 5-10-3 折纸外壳展开图

图 5-10-4 折纸外壳完成图

运动状态分析

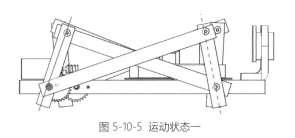

图 5-10-5 运动状态一

运动状态一

如图 5-10-5 所示,初始状态下,偏心齿轮与后足的固定点为 A1。机械结构右侧呈向两侧伸展的状态。

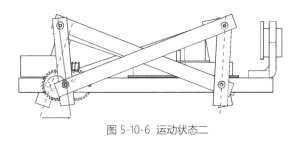

图 5-10-6 运动状态二

运动状态二

如图 5-10-6 所示,直流电机转动带动偏心齿轮顺时针转动 180°,由 A1 点移动至 A2 点。后足向前移动一段距离,带动机械结构整体前进。

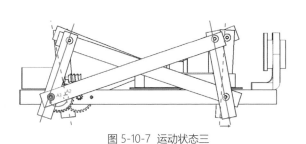

图 5-10-7 运动状态三

运动状态三

如图 5-10-7 所示,直流电机转动带动偏心齿轮顺时针继续转动 180°,由 A2 点移动至 A3 点(与 A1 点重合)。此时,机械结构左侧实现状态二的运动方式,带动机械结构整体前进。

机械结构制作流程

机械结构制作流程如图 5-10-8 所示。

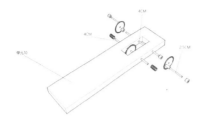

(a) 按顺序安装偏心轮、铁轴、轴套

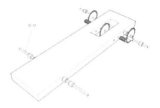

(b) 安装8cm铁轴与轴套

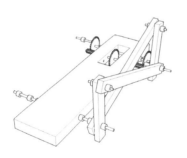

(c) 安装一侧脚架，注意轴套固定不能松动

(d) 安装另一侧脚架

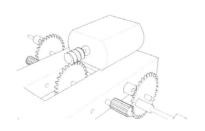

(e) 在直流小电机上装好螺纹齿轮，并用透明
胶带固定

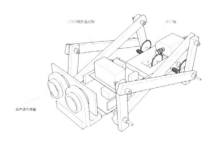

(f) 安装Arduino套件

图 5-10-8 机械结构制作流程

装配示意图

蜥蜴的安装方式如图 5-10-9 所示。机械蜥蜴的两侧脚架需保持平衡，可以使用刻度尺测量距离并予以调整。轴套需要与木片紧紧贴合。

直流电机用透明胶带固定；超声波传感器支架底部可用双面胶将其与主体固定；折纸外壳前端可粘少许双面胶，将其与传感器弯曲处黏合固定。

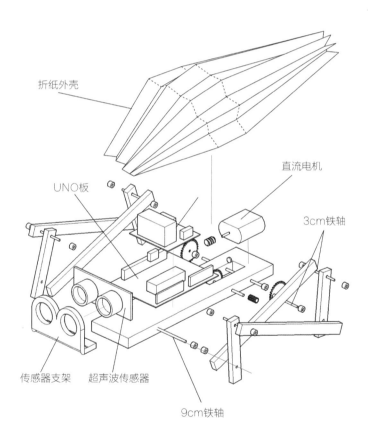

图 5-10-9 机械蜥蜴的装配图示

交互场景图

机械蜥蜴的交互场景如图 5-10-10 所示。

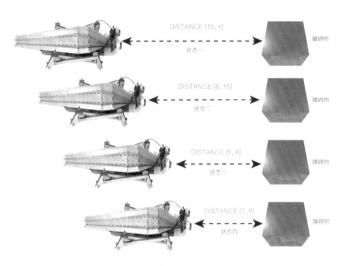

图 5-10-10 机械蜥蜴的交互场景

交互状态一

如图 5-10-10 所示，在传感器没有检测到障碍物时，机械蜥蜴一直保持着前进的状态。

交互状态二

当传感器检测到前方有障碍物时，机械蜥蜴对未知的事物有些害怕想要后退，但好奇心还是鼓励着它去一探究竟。

交互状态三

在犹豫几次后，机械蜥蜴终于决定要靠近看一看面前的障碍物是什么，加速向前！

交互状态四

终于走到它的面前了！停下来好好研究一下吧……

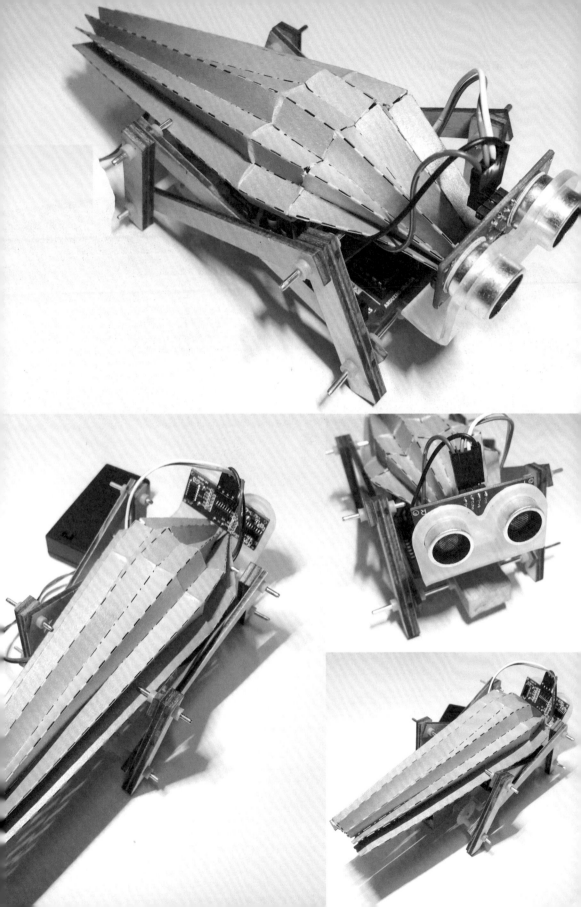

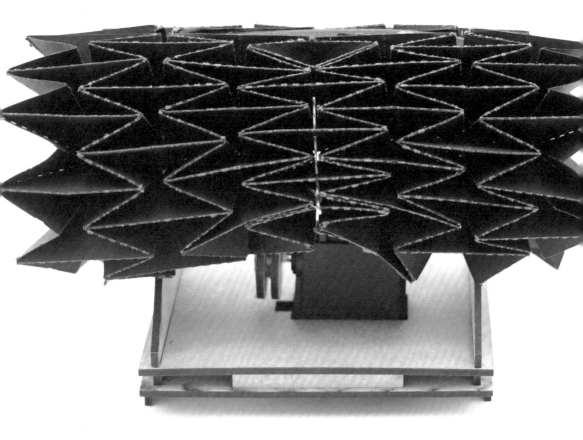

5.11 呼吸的石头

设计说明

呼吸的石头的折纸主体是由疏松多孔的火山石几何化表现而来，依靠特殊的折叠手法并配合一个舵机驱动，可以实现呼吸一样收缩舒张的循环运动。

纸型造型抽象

呼吸石头的折纸造型过程如图 5-11-1 所示。

本案例从普通石头的形体出发，如图 5-11-1 (a) 所示，考虑如何通过折纸的手法表现石头。首先将石头简化成被纸张包络的圆柱体，如图 5-11-1(b) 所示。确定整体形态后，寻找一个既符合整体形态又能满足运动效果的折叠方式，最终确定了如图 5-11-1(c) 所示的最主要单元的折纸结构。这个结构可以实现 y 轴的完全收缩，但保持 x 轴的长度不变，由于纸张的韧性，在收缩之后可以恢复原状。

图 5-11-1(c) 结构的另一个优点是，可以全等地、交错地无缝覆盖在圆柱体表面上。因此，确认了基本的折叠单元后，第二步就是重复、复制这一折叠单元，如图 5-11-1(d) 与 (e) 所示。在不断尝试过后，两张纸黏合，每张 32 个基本单元重复组成的形态是最合适的，只需要一根线的拉伸就可以实现从舒张到收缩的效果。

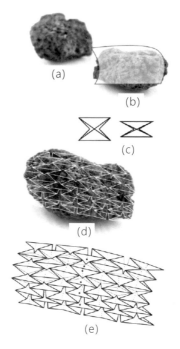

图 5-11-1 纸型抽象过程

运动节点分析

呼吸石头的运动节点分析如图 5-11-2 所示。如前文所述，这个结构可以实现 y 轴的完全收缩但保持 x 轴的长度不变，并且在收缩之后能够进行复位，因此只要在 y 轴施加一个间断的拉力，就可以实现在 y 轴上显著收缩的效果。

又因为每张纸是由各个全等的折叠单元无缝连接组成的，所以会形成"牵一发而动全身"的效果。考虑到舵机拉力的限制，选择了每张纸最中间 y 轴的四个基本单元，中间打孔穿线，在外端固定，里端施加拉力，就可以带动整个形体实现由舒张到收缩的运动效果了。

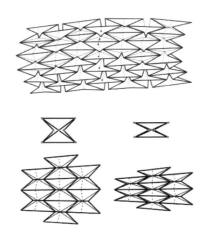

图 5-11-2 运动节点分析

折纸展开图分析

如图 5-11-3 所示，整个折纸其实是由同一个全等的小折叠结构重复排列组成的，交错的正方形对角线保持谷折，其他全部保持山折即可折叠完成。

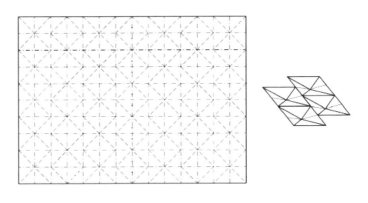

图 5-11-3 折纸展开图分析

运动状态分析

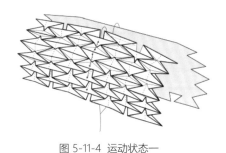

图 5-11-4 运动状态一

运动状态一

如图 5-11-4 所示，这是石头折纸的初始状态，舵机未进行拉伸，折纸处于原本的舒张状态，不发生变化。

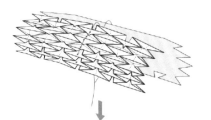

图 5-11-5 运动状态二

运动状态二

如图 5-11-5 所示，这是石头折纸收缩的状态。舵机转动，拉紧线，在拉力的作用下，中间列的折叠单元发生收缩，从而带动整个折纸机构变为收缩状态。

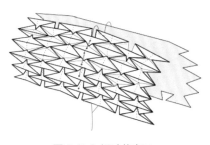

图 5-11-6 运动状态三

运动状态三

如图 5-11-6 所示，这是石头折纸舒张的状态。这个阶段，舵机反转，放松穿过折纸的线，借助折纸结构的韧性，折纸形态慢慢复位，使得整个结构重新处于舒张状态。

装配示意图

本案例的机构安装方式如图 5-11-7 所示，机构主体分为两个部分：纸质主体和木质支架。

纸质主体由两张纸组成，分别粘在木质支架 1 的左右两侧，木质支架 1、2、3、4、5 之间由拼插结构连接，舵机以相同的方式固定在木质支架上。纸质主体中间的线穿过纸质主体的小孔，穿在舵机上。

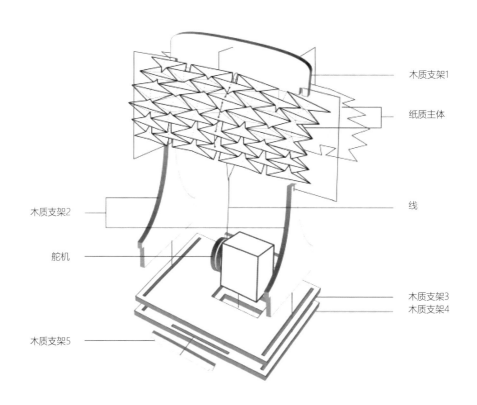

木质支架1

纸质主体

木质支架2

线

舵机

木质支架3
木质支架4

木质支架5

图 5-11-7 呼吸的石头装配图示

运动控制

舵机接线如图 5-11-8 所示。

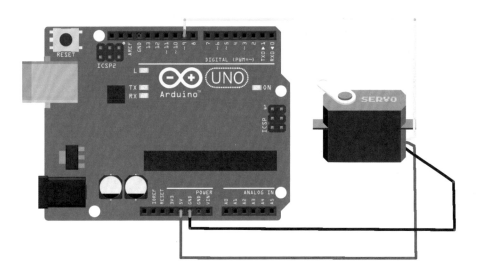

图 5-11-8 舵机接线图示

代码实现

代码实现如图 5-11-9 所示。

```
#include <Servo.h>

Servo myservo;
int pos = 0;

void setup()
{
  myservo.attach(9);
  }

void loop()
{
  for(pos =0; pos<180;pos+=1)
  {
    myservo.write(pos);
    delay(5);
    }
  for(pos = 180;pos>=1;pos-=1)
  {
    myservo.write(pos);
    delay(5);
    }
  }
```

图 5-11-9 舵机接线图示

制作流程

制作流程如图 5-11-10 所示。

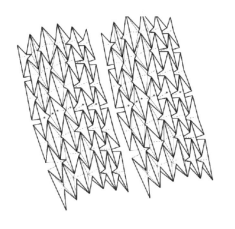

(a) 依照说明折叠好纸质部分

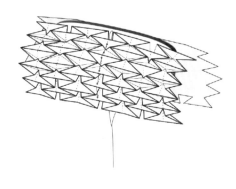

(b) 穿线并粘在木质支架上

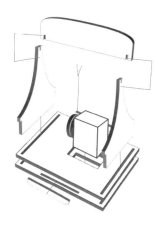

(c) 搭建完木质支架

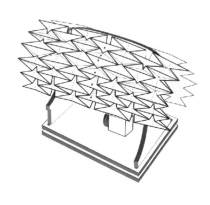

(d) 拼接主体，完成制作

图 5-11-10 呼吸的石头制作流程

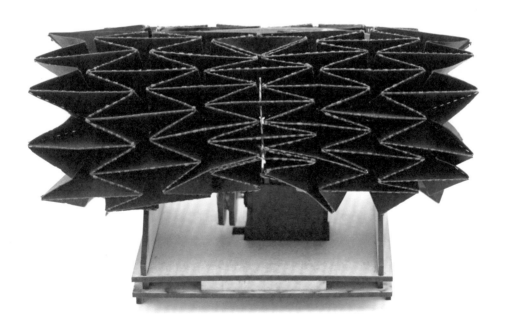

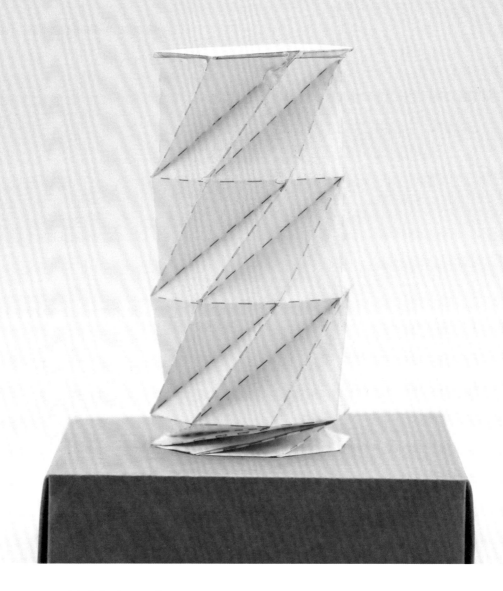

5.12 旋转摩天大厦

设计说明

　　旋转摩天大厦的电子折纸灵感来源于可纵向伸缩的八边形折纸结构。主体折纸的结构使得摩天大厦能够产生伸缩形变，在舵机的驱动下完成上升、下降的运动全过程。

纸型造型抽象

如图 5-12-1 所示，摩天楼的折纸造型是通过简单的八边形平移旋转变换得到的。

图 5-12-1(a) 展示由多个八边形叠加在一起时的状态。

图 5-12-1(b)&(c) 这个过程分析的是通过平移八边形组成了一个柱状的状态。

图 5-12-1(d) 展示的是八边形按一定角度逆时针旋转后，顶点间连线交错形成峰折和谷折。峰折、谷折和八边形的边组成多个三角形，相邻两个三角形面受力可以重合收缩。当顺时针旋转相同度数时，多边形结构可伸展开变成支撑时的状态。

红色部分是折纸部分的主要结构，通过相反方向的折痕，给予八棱柱两个支撑和收缩的力。

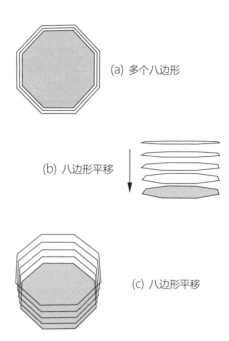

(a) 多个八边形

(b) 八边形平移

(c) 八边形平移

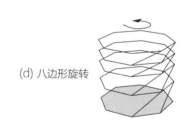

(d) 八边形旋转

图 5-12-1 摩天楼纸型抽象过程

运动节点分析

纸型的主要运动节点如图 5-12-2 所示。图 5-12-2(a) 是一层主体的展开图，由这部分可以看出折纸是由朝两个方向运动的三角形相互组合分摊力，平行四边形的对角线向内凹，四边形的侧边向

外凸，给予相反的力，分别由 67.5° 和
45°组成。这个结构进行了单纯的堆叠，
整体结构可以压平。

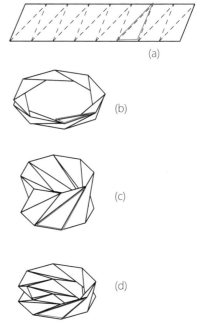

　　如图 5-12-2(b) 展示的是结构被
完全压扁的状态，通过计算后发现只有
67.5° 和 45° 能够满足八边形的收合，
通过旋转后能将其完全展开，如图 5-12-
2(c) 所示。

　　主要的运动节点是通过边与边的拉
力，以及顶点的支撑力，再通过旋转上升、
下降的力促使主体发生形变。

图 5-12-2　主体展开图运动节点分析

折纸展开图分析

　　主体折纸展开如图 5-12-3(a) 所示，主体压缩效果如图 5-12-3(b) 所示，
主体拉伸效果如 5-12-3(c) 所示。

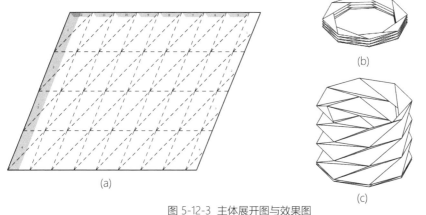

图 5-12-3　主体展开图与效果图

运动状态分析

图 5-12-4 运动状态一

运动状态一

如图 5-12-4 所示，状态一是折纸结构的自然状态，由于受到内部结构的支撑，不会完全坍缩，处于自然状态。

图 5-12-5 运动状态二

运动状态二

如图 5-12-5 所示，状态二是折纸结构向上拉伸的一个状态。此时舵机转动，带动上方的撑杆将折纸结构向上顶。

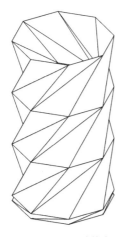

图 5-12-6 运动状态三

运动状态三

如图 5-12-6 所示，状态三是折纸结构的最大拉伸状态。随后舵机会往相反的方向转动，使摩天大厦再次回到状态二和状态一，进行收缩。

装配示意图

　　摩天大厦折纸由折纸结构、支撑结构和电子元件三部分组成。折纸结构为了保持折叠效果，需采用硫酸纸。支撑结构由一个空心杆、一个带槽导轨、两个"X"形支撑组成。电子元件包含一块 Arduino 板和一个舵机。摩天大厦折纸安装方式如图5-12-7 所示。

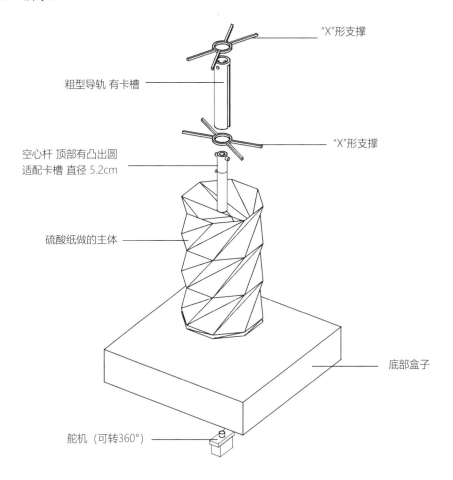

图 5-12-7　摩天大厦的装配图示

交互场景图

(a) 交互状态一

(b) 交互状态二

(c) 交互状态三

图 5-12-8 摩天大厦交互状态

交互状态一

如图 5-12-8（a）所示，在交互状态一下，折纸结构顶部第一层上升，底部两层呈现压缩状态。此时舵机转动 45°，支撑结构带动折纸结构上升。

交互状态二

如图 5-12-8（b）所示，在状态二下，顶部第二层上升，底部一层呈现压缩状态。此时舵机转动 90°。

交互状态三

如图 5-12-8（c）所示，在状态三下，三层折纸全部旋转展开。此时舵机转动 135°。

这个状态下，滑轨完全伸直，使得八棱柱被完全撑开，是折纸结构伸展的最大值。

制作流程

制作流程如图 5-12-9 所示。

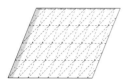

(a) 根据虚线将整个柱体进行折叠

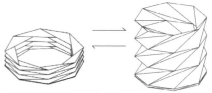

(b) 边旋转边折叠，压扁后撑开，活动结构点，使其轻松变形

(c) 将小部件卡在从上往下数的第二个八边形平面

(d) 根据图纸将另一个"X"形部件卡在粗的圆桶上，按照图纸装配

(e) 将舵机用胶枪粘在纸盒子下方，同时将图四的部件套入图三中，将小棍子与舵机胶合

(f) 将八边形的底部与纸盒粘住

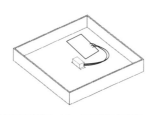

(g) 将底部的Arduino板与舵机相连接

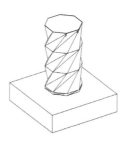

(h) 粘上盖子，同时确认右侧的细节图是否卡准后用胶枪再次粘牢

图 5-12-9 制作流程

5.13 惊醒的六芒星

设计说明

这是一个纯几何外形的电子折纸，外形类似六芒星。六芒星
凭借其几何特性呈现出牵一发而动全身的效果。在此基础上，以
舵机为动力，利用声音传感器增强交互感，完成惊醒的动作，赋
予几何生命力形成完整的动态效果。

纸型造型抽象

六芒星折纸的抽象过程如图 5-13-1 所示,基础几何由六边形和四边形组成。该基本型固定了顶面和底面两个正六边形,其余六边形形状不固定,分为两组,分别围绕顶面和底面可发生形变。

图 5-13-1(b) 与 (c) 顶面和底面逐渐靠近,6 个六边形分为上下两组,分别从上、下逐渐向 z 轴收拢,直至顶面与底面极限重合,此时 6 个六棱柱的棱都与平面垂直。

图 5-13-1(b)~(d) 顶面和底面逐渐远离,6 个六边形分为上、下两组,反向舒展,达到极限,此时 6 个六棱柱顶接近矩形。

该电子折纸仅提取极限状态和自然状态, 分别如 5-13-1(a) 与 5-13-1(b) 所示。

由此可见,顶面与底面运动距离固定,六棱锥运动角度固定,通过延伸六棱锥,放大运动效果,将棱柱改为棱锥,形成封闭的几何形态,像一颗六芒星。

而这颗六芒星也借由几何形变产生出鲜活的生机。

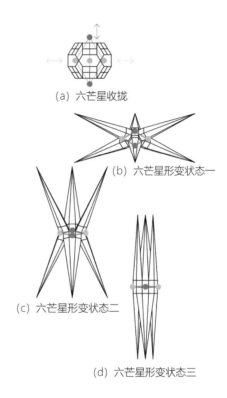

(a) 六芒星收拢

(b) 六芒星形变状态一

(c) 六芒星形变状态二

(d) 六芒星形变状态三

图 5-13-1 纸型抽象过程

运动节点分析

纸形的主要运动节点如图 5-13-2 所示。图 5-13-2(a) 是几何主体的原始形态侧视图，红点和蓝点表示不同运动方式的节点。

图 5-13-2(d) 是六芒星运动的极限状态的侧视图。由于六棱柱侧面均为正方形，六棱柱侧面与底面始终垂直，六芒星的角会随着中心关节的运动而运动。

相应的，也可以通过角的运动带动点间连接线的运动，当角向 z 轴收拢时，蓝色节点相互远离，红色节点相互靠近，如图 5-13-2(b)~(d) 所示完成整个形变的过程。

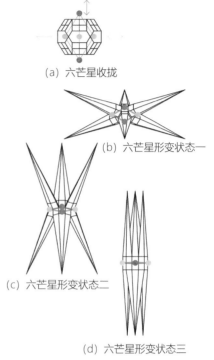

(a) 六芒星收拢

(b) 六芒星形变状态一

(c) 六芒星形变状态二

(d) 六芒星形变状态三

图 5-13-2 六芒星运动节点分析

折纸展开图分析

折纸展开图分析如图 5-13-3 所示。

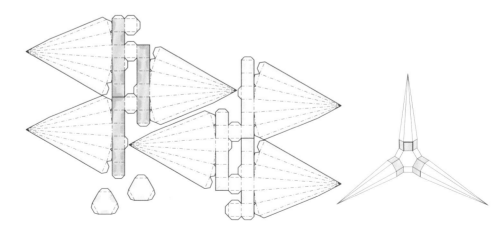

图 5-13-3 六芒星展开图分析

运动状态分析

(a) 运动状态一

状运动态一：静止状态

如图 5-13-4(a) 所示，状态一是自然向外伸展的原始静止状态。

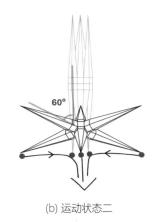

(b) 运动状态二

运动状态二：基础运动状态

如图 5-13-4 (b) 所示，舵机 0°旋转至 180°带动牵引绳下拉，底部三足随之沿滑轨向中心收缩，六芒星的整体重心上升。

随后舵机回到起始位置，由于几何造型本身的弹力回归起始状态，以此循环。

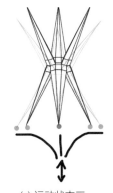

(c) 运动状态三

图 5-13-4 运动状态分析

运动状态三：抖动状态

如图 5-13-4 (c) 所示，舵机由 180°旋转至 150°，牵引绳依靠几何主体的弹力微微向上小段距离，三足沿轨道向外扩展，旋转。

舵机由 150°旋转至 180°，牵引绳下拉，三足带动几何主体收缩，令重心快速上下移动。

装配示意图

如图 5-13-5 所示，六芒星的折纸造型机构主要包括几何主体、纸质配件、木质配件和 3 条 30cm 的绳子。其中几何主体由两片折纸 A 上下错位黏合组成；纸质配件包括 1 个上下一体的 B 底座、6 个连接配件 C 圆环、3 个配件 D 带扣。木质配件包括 3 个配件 E 座垫和 1 个配件 F。三条绳子分别依次穿过 A、C、B、C、D 在中心组成一股，穿过 B，固定于 F。电子元件包括 1 个舵机、1 个面包板、1 块 UNO 板和 1 个声音传感器。

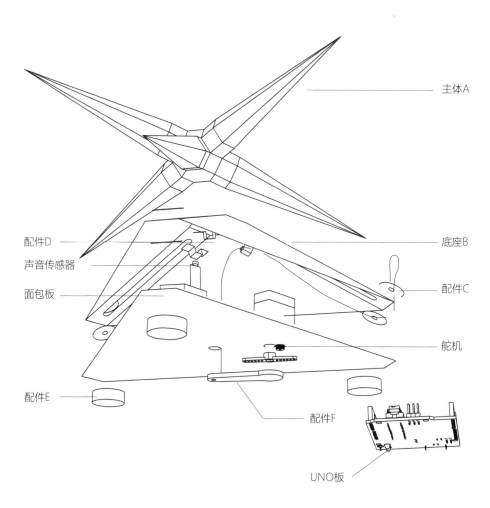

主体A

配件D
声音传感器
面包板

底座B

配件C

舵机

配件E

配件F

UNO板

图 5-13-5 六芒星的机构安装方式

交互场景图

交互流程如图 5-13-6 所示。

图 5-13-6 六芒星的交互场景

图 5-13-7 交互状态一

交互状态一：呼吸状态

如图 5-13-7 所示，连接电源，开始基础运动，模拟呼吸，该状态幅度较大，约为 60°，速度较为缓慢。

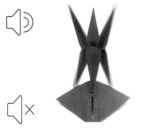

图 5-13-8 交互状态二

交互状态二：惊吓态

如图 5-13-8 所示，外部制造的声音超过 30 分贝（可调节）的声音的瞬间，六芒星忽然惊醒，开始快速小范围抖动 3 个来回，角度约为 10°；随后开始懵逼静止 3s，再次入睡返回基础运动状态。

制作流程

制作流程如图 5-13-9 所示。

(a) 沿峰谷线折叠几何主体A

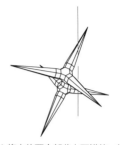

(b) 将主体两个部分上下错位，粘在一起

(c) 折叠黏合底座盖，并在内部将3个配件D固定在3个轨道顶端

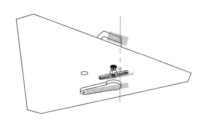

(b) 将舵机固定在底座内部底面，使转轴穿过旁侧小孔配件F固定在转轴上

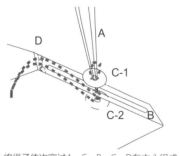

(d) 将绳子依次穿过A、C、B、C、D在中心组成一股

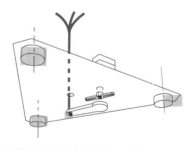

(e) 3股绳子穿过底部中心的小孔，径直固定在配件F上；将坐垫固定在边角

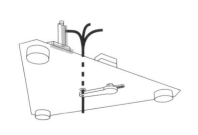

(f) 根据代码安装其他电子元件，并调试（注意预留绳子轨迹轨道）

(d) 将底座上下黏合，调节绳子长度

图 5-13-9 制作流程

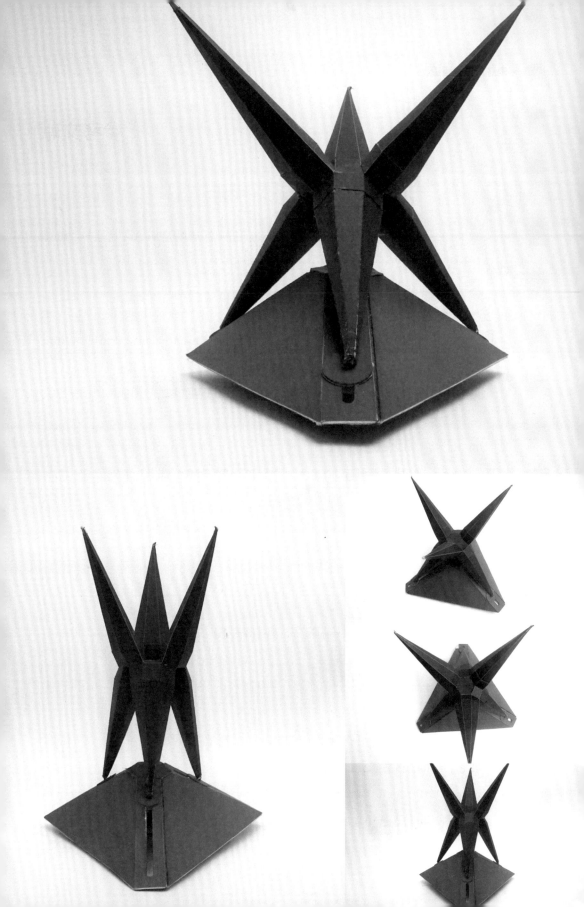

参考文献

[1] Lang RJ. Computational origami: From flapping birds to space telescopes [A]. In the 25th ACM Symposium on Computational Geometry [C]. ACM, 2009.

[2] Ishida S, Hagiwara I. Introduction to Mathematical Origami and Origami Engineering[M]//Applications+ Practical Conceptualization+ Mathematics= fruitful Innovation. Springer, Tokyo, 2016: 41-49.

[3] 冯慧娟，杨名远，姚国强，陈焱，戴建生．折纸机器人 [J]. 中国科学：科学技术，2018, 48(12), 5-20.

[4] Oh H, Hsi S, Eisenberg M, et al. Paper mechatronics: present and future[C]//Proceedings of the 17th ACM Conference on Interaction Design and Children. 2018: 389-395.

[5] Yoshizawa A. Akira Yoshizawa: Japan's Greatest Origami Artist[J]. 2016.

[6] [日]三谷纯．立体构成：三谷纯的弧线立体折纸之美 [M]. 宋安，译．中国纺织出版社，2018.

[7] Demaine ED. Curved-Crease Sculpture by Erik Demaine and Martin Demaine [Z/OL].[2020-04-30]. http://erikdemaine.org/curved/.

[8] [日]中村开己．中村开己的企鹅炸弹和纸机关 [M]. 宋碧华，译．中国台湾远流出版社，2018.

[9] [美]托马斯·赫尔．折纸设计的秘密 折纸模型中的数学世界 [M]. 张文娟，叶雅玲 译．机械工业出版社，2017.

[10] Lang RJ. Origami design secret: Mathematical methods for an ancient art [M].2nd Edition. CRC Press, 2011.

[11]. Lang R J. A computational algorithm for origami design[C]// Proceedings of the twelfth annual symposium on Computational geometry. 1996: 98-105.

[12]. Lang RJ. TREEMAKER [Z/OL]. [2020-08-30]. https://langorigami.com/article/treemaker/.

[13]. Lang RJ. TREEMAKER [Z/OL]. https://https://langorigami.com/article/referencefinder/.

[14]. Demaine ED, Demaine ML, Mitchell JSB. Folding flat silhouettes and wrapping polyhedral packages: New results in computational origami[J]. Computational Geometry, 2000, 16(1): 3-21.

[15]. Demaine ED. Classes and Teachign by Erik Demaine [Z/OL]. [2020-08-30]. http://erikdemaine.org/classes/.

[16]. Tachi T. TT's Origami Page: Software [Z/OL]. [2020-08-30]. http://origami.c.u-tokyo.ac.jp/~tachi/software/.

[17]. Nishiyama Y. Miura folding: Applying origami to space exploration[J]. International Journal of Pure and Applied Mathematics, 2012, 79(2): 269-279.

[18]. Zirbel S A, Trease B P, Thomson M W, et al. Hanaflex: A large solar array for space applications[C]//Micro-and Nanotechnology Sensors, Systems, and Applications VII. International Society for Optics and Photonics, 2015, 9467: 94671C.

[19]. Lang R J. From flapping birds to space telescopes: The modern science of origami[C]//NPAR. 2008: 7.

[20]. Sitnikova A, Foing B, Izotova A, et al. Self Deployable Origami for MoonMars Architecture[J]. EPSC, 2018: EPSC2018-905.

[21]. NASA. PUFFER: Pop-up structure and actuation [Z/OL]. [2020-08-30]. https://gameon.nasa.gov/projects/puffer/.

[22]. Miyashita S, Guitron S, Li S, et al. Robotic metamorphosis by origami exoskeletons[J]. Science Robotics, 2017, 2(10): eaao4369.

[23]. Li S, Stampfli J J, Xu H J, et al. A vacuum-driven origami "magic-ball" soft gripper[C]//2019 International Conference on Robotics and Automation (ICRA). IEEE, 2019: 7401-7408.

[24]. Angatkina O, Chien B, Pagano A, et al. A metameric crawling robot enabled by Origami and smart materials[C]//Smart Materials, Adaptive Structures and Intelligent Systems. American Society of Mechanical Engineers, 2017, 58257: V001T06A008.

[25]. Kuribayashi K, Tsuchiya K,, You Z, et al. Self-deployable origami stent grafts as a biomedical application of Ni-rich TiNi shape memory alloy foil[J]. Materials Science and Engineering: A, 2006, 419(1-2):131-137.

[26]. Hollingshead T. Tiny origami-inspired devices opening up new possibilities for minimally-invasive surgery [Z/OL].[2020-08-30]. https://news.byu.edu/news/tiny-origami-inspired-devices-opening-new-possibilities-minimally-invasive-surgery.

[27]. Koizumi N, Yasu K, Liu A, et al. Animated paper: a moving prototyping platform[C]//Adjunct proceedings of the 23nd annual ACM symposium on User interface software and technology. 2010: 389-390.

[28]. Zhu K, Zhao S. AutoGami: a low-cost rapid prototyping toolkit for automated movable paper craft[C]//Proceedings of the SIGCHI conference on human factors in computing systems. 2013: 661-670.

[29]. Eisenberg M, Oh H, Hsi S, et al. Paper mechatronics: A material and intellectual shift in educational technology[C]//2015 International Conference on Interactive Collaborative Learning (ICL). IEEE, 2015: 936-943.

[30]. Felton SM , Tolley MT, Demaine E, et al. Applied origami: A method for building self-folding machines [J]. Science, 2014, 345(6197): 644-646.

[31]. Felton S M, Tolley M T, Onal C D, et al. Robot self-assembly by folding: A printed inchworm robot[C]//2013 IEEE International Conference on Robotics and Automation. IEEE, 2013: 277-282.

[32]. Shin B H, Felton S M, Tolley M T, et al. Self-assembling sensors for printable machines[C]//2014 IEEE International Conference on Robotics and Automation (ICRA). IEEE, 2014: 4417-4422.

[33]. Schulz A, Sung C, Spielberg A, et al. Interactive robogami: An end-to-end system for design of robots with ground locomotion [J]. International Journal of Robotics Research, 2017, 36(10): 1131-1147.

[34]. ［英］保罗·杰克逊. 从平面到立体：设计师必备的折叠技巧 [M]. 朱海辰，译. 上海：上海人民美术出版社，2012.

附 录

附录 1 电子折纸交互设计项目背景

电子折纸交互设计是浙江大学国际设计研究院的一项创新设计实训课题。本项目受到浙江大学－新加坡科技大学创新、设计、创业联盟项目资助。自 2017 年王冠云博士与陶冶博士首次举办"折纸机器人"工作坊以来，课题组 3 年间举办了一系列设计工作坊与课程，来自浙江大学与新加坡科技设计大学的近 300 名学生参与了电子折纸交互设计的探索。相关成果及作品获得 2018 年教育部第五届全国大学生艺术展演活动艺术实践工作坊一等奖，并获邀在第 20 届科协年会科技成果展上汇报。

教师团队

孙凌云 教授
杨　颖 讲师
江　浩 博士 / 讲师
王冠云 博士
陶　冶 博士
陈　实 副教授

研究生团队

左奎、徐婧珏、谢欣航、周志斌、李彦、王雪悠、鲁雨佳、阳月、肖婧漪、张瑞、张曹炜、刘馨、李璇、唐楚齐、韩酒坡、吴凡、留云、石拓

本科生团队（排名不分先后）

● 2017 年

新加坡科技设计大学

Phua Peh Han Spencer、 Huang Qiuhong、 Ho Jin Hao (Daniel)、 Ng Jun Wei, Caleb、 Samuel Elyoenai Previano Halim、 Lucas Chua Boon Hwee、 Gionnieve Lim Jia Yu、 Xiao Yuxuan、 Melissa Tan Rui Lin、 Nicholas Chan Zhi Wei、 Yeoh Jan Wai、 Ryann Sim Wei Jian、 Ang Beng Haun、 Joshua Ng Shen Geh、 Wang Nian Yu (Cyrus)、 Teo Yue Xiang、 Ee Weili (Wesley)、 Siow Lee Sei、 Yang Lujia、 Naik Hiong Chiang、 Goh Sing Yee 、 Ang Zhi Liang (Aaron)、 Athalye Surabhi

Sachin、 Chin Wai Kit (Daniel)、 Hoon Qi Tai、 Russell Goh Wei Kit、 Sherman Lee、 Lim Ming Lin (Regan)、 Ivan Low Lee Huei (Liu Lihui)、 Choo Han Ye、 Vincent、 Victor Toh Wei Jie、 Tang Jing Yuan (Ivan)、 Leong Jun Weng (Bryan)、 Loo Binn、 John Chan Kar Onn、 Siah Jian Rong (Justinian)、 Melwin Chiam Jia Wei、 Miao Qingqing、 Linus Ang Jun Yan、 Leong Wen Ting、 Wong Shi Xuan (Gabriel)、 Ang Yang Kai (Justin)、 Luu Khanh Minh、 Yos Yohannes Hausjah、 Mao Liyan、 Teresa Widjaja、 Ho Reuben、 Tan How Seng、 Chong Lok Swen、 Valerene Goh Ze Yi、 Lim Zi-Yang (Dominic)、 Chu Shing Fai Fred、 Tan Han Qin (Joel)、 Lee Kwan Meng、 Ler Yi Xiang (Wesley)、 Chia Sheng Wei、 Tan Shao Xuan、 Dion Teo Jian Xian、 Tan Hui Yin、 Caleb See De Kai、 Choo Ee Pin、 Tran Thi Thien Tam、 Isaac Ng Yi Ming、 Gan Jia Min、 Lye Ji Hao、 Tan Huan Yu、 Tan Chuan Onn (Nicholas)、 Marcus Yong Sheng、 Marvin Yeo Yue Jun、 Qi Yanjun、 Yang Chen、 James Wong Kang Wei、 Javier Tan Jin Yang、 Chong Kar Wei、 Joshua Tan Seh Kiat、 Tan Gee Yang、 Tan Jing Ren 、 Ying Francoise John Espares、 Ryan Teo Jun Yan、 Poon Weng Shern、 Michelle Gouw、 Grace Wong Xin Jing、 Li Jiayi、 Peng Maoyu、 Lim Cheng Sin (Ariel)、 Michael Sebastian、 Teo Rong Jun (Keith)、 Tan Zhe Xian Dion、 Ang Wei Shan、 Liu Haowen、 You Song Shan、 Chen Kai Zhang (Brian)、 Huang Zhiquan (Joel)、 Mok Jun Neng、 Phan Nguyen Quang Vinh、 Ang Qi Jie (Fabian)、 Ng Kin Hou (Jonathan)

2018 年

浙江大学

冯首博、蔡易南、曹宇涵、陈佳薇、陈可、张闻菁、周梦茜、丁佳慧、林秋霞、何祉润、胡雪、黄亭云、季月、李娜、李瑞洁、徐柠柠、梁天乐、马丁、裴若澜、相笑、徐晓雪、李睿恩、叶炜、袁明清、张宁翼、庄严

2019 年

浙江大学

林莹、董硕、李想、杨瑶莹、吴越、陈翱、黄瑞亭、曾一、王婧雯、刘清杨、沈可伶、黄维城、丁若桐、郑涵佳、蒋凯琪、朱辰临、於殷如

2019 年

新加坡科技设计大学

An Ruiying、Ang Shuqin (Micaela)、Brandon Yeo Yun Zhang、Chen Hongfang、Chng Say Wei Joseph、Cornelius Yap Yu Lin、Dionetta Young、Dong Yizhi、Edna Chah Eu Myin、Elanca Gwee Charlene、Er Ding Xuan、Fion Yao Yuechi、Goh Yi Lin Tiffany、Hong Li-En Nyssa、James Gan Sheng Wei、Javier Pey Jia Jie、Jiang Chenxi、Jordan Tay Jin Jie、Keith Goh Guan Da、Kua Yi Jie Isaac、Lan Xiaojin、Leo Ding Hao、Lewin Sim Le Wei、Lim Jia Qi、Lim Jun Hao、Liu Jiajun、Lynus Lim Ming Jun、Martin Ho Zhengyi、Ng Pei Shi (Doreen)、Nurul Akhira Binte Zakaria、Ong Wei Song、Ong Zi Min、Phang Heng Yan Gabriel、See Chin Chen Eugene、Seow Xu Liang、Shang Zewen、Shermine Chua Xin Min、Soo Ming Wei、Tan Chia Yik、Tan Shin Jie、Tan Zai Xuan、Tang Qinrui、Tay Zhi Yinn (Sean)、Therese Lau Yu Ru、Thomas Choo Zhong Yi、Tseng Yun Ching、Vanessa Kwok Yong Yi、Xiao Tianqi、Yang Qirui、Yeh Swee Khim、Yip Weisheng Ryan、Zhang Shaozuo

附录 2 书中案例的设计师

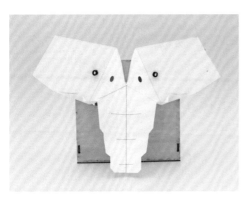

作者：张闻菁、陈翔、王靖雯、曾一

作者：周梦茜

作者：蔡易南、杨瑶莹、董硕、林莹

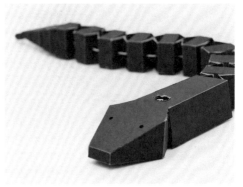

作者：徐晓雪

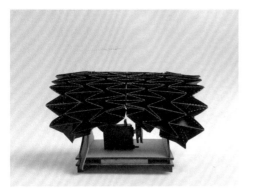

作者：梁天乐

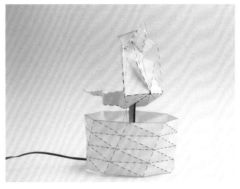

作者：叶炜

作者：丁佳慧、林秋霞

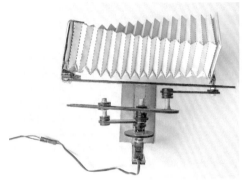

作者：何祉润

作者：张宁翼

作者：马丁

作者：裴若澜

作者：相笑　　　　作者：曹宇涵

附录 3 关于浙江大学国际设计研究院

> 创新设计以产业为主要服务对象，以绿色低碳、网络智能、共创分享为时代特征，集科学技术、文化成果转化为现实生产力的关键环节，正有力支撑和引领新一轮产业革命。

浙江大学国际设计研究院（以下简称研究院）正式建院于 2011 年 11 月，致力于创新设计的人才培养、学术研究和社会服务。研究院先后在 Jeu Schouten 教授、刘波教授、孙凌云教授的带领下开展工作。研究院是浙江大学设计学博士点建设的承担单位，也是工业设计、产品设计本科以及设计学、工业设计工程硕士点建设的参与单位；是浙江大学计算机辅助设计与图形学国家重点实验室的成员单位。研究院与中国创新设计产业战略联盟、日本设计促进会等全面合作；与阿里巴巴、苹果、飞利浦、佳能等企业合作开发企业驱动的创新设计课程、工作坊及联合科研。

研究院是浙江大学创新设计的学科交叉开放平台。来自计算机、建筑设计、园林设计、生仪、控制、机械等专业背景的教授及研究人员在研究院合作进行人才培养和学术研究。

研究院是浙江大学创新设计的社会服务平台，承担浙江大学－北斗航天创新设计工程中心、教育部计算机辅助产品创新设计工程中心的建设，承担中国工程院知识服务中心创新设计分中心的建设，并参与策划和支持浙江省特色小镇梦栖小镇建设。

研究院为国家决策机构提供咨询服务。参加中国创新设计发展战略咨询研究，研究成果创新设计纳入国家《中国制造 2025》战略规划；参与设计竞争力咨询研究，支撑工信部服务型制造三年行动计划（2016—2018）的制订；成为工信部制造业创新设计行动纲要咨询研究的领导小组与编写小组成员；参加中国新一代人工智能发展战略研究，研究成果纳入《中国新一代人工智能发展战略》。

研究院是浙江大学创新设计的国际合作平台，与意大利米兰理工大学、新加坡科技设计大学、日本千叶大学、韩国延世大学、美国卡耐基梅隆大学、新加坡国立大学、荷兰埃因霍温理工大学、中国香港理工大学等院校深度合作。研究院是浙江大学－新加坡科技设计大学两校合作的承担单位，承担课程开发、科技设计体验项目（学生交流）、联合科研等活动；并受黄廷方基金支持成立创新、设计与创业联盟（Intelligence, Design, Experience and Aesthetics, IDEA），聚焦中新两国在设计制造、城市化和可持续发展等领域的创新设计教育和研究。研究院是"亚洲大学学生交流集体行动计划（Collective Action of Mobility Program of University Students in Asia, CAMPUS Asia）"，与中国清华大学、日本千叶大学、韩国延世大学合作进行"植物与环境创新"领域的设计工作坊、学生交流、课程互换和双学位等项目开发。

Email : idi@zju.edu.cn   Webpage: http://www.idi.zju.edu.cn